养殖产业机械化技术及装备

◎ 杨立国 熊 波 主编

YANGZHI CHANYE JIXIEHUA JISHU JI ZHUANGBEI

中国农业科学技术出版社

图书在版编目（CIP）数据

现代农业机械化技术．养殖产业机械化技术及装备 / 杨立国，熊波主编．— 北京：中国农业科学技术出版社，2020.1
ISBN 978-7-5116-4156-4

Ⅰ．①现…　Ⅱ．①杨…　②熊…　Ⅲ．①养殖业—农业机械化
Ⅳ．① S23

中国版本图书馆 CIP 数据核字（2019）第 078442 号

责任编辑　穆玉红　褚　怡
责任校对　马广洋

出 版 者　中国农业科学技术出版社
北京市中关村南大街 12 号　邮编：100081
电　　话　（010）82109707　82106626（编辑室）（010）82109702（发行部）
（010）82109709（读者服务部）
传　　真　（010）82106626
网　　址　http://www.castp.cn
发　　行　各地新华书店
印 刷 者　北京富泰印刷有限责任公司
开　　本　710 mm × 1 000 mm　1 /16
印　　张　12
字　　数　230 千字
版　　次　2020 年 1 月第 1 版　2020 年 1 月第 1 次印刷
定　　价　58.00 元

《养殖产业机械化技术及装备》

编委会

编写人员

主　　编　杨立国　熊　波

参编人员　（以姓氏笔画为序）

刘婥韬　李志强　李雪婷　杨雅静　何建军

宋爱敏　张文艳　张传帅　张武斌　张迪婧

张艳红　陈　华　陈玉梅　赵　谦　禹振军

贾　楠　徐岚俊　高　娇　郭建业　常晓莲

麻志宏　蒋　彬　潘张磊

前　言

农业机械化是实施乡村振兴战略的重要支撑，没有农业机械化就没有农业农村现代化。习近平总书记指出，要大力推进农业机械化、智能化，给农业现代化插上科技的翅膀。

改革开放40年来，我国的农业机械化伴随着社会的发展取得了长足进步，为保障粮食安全、促进农业产业结构调整、加快农业劳动力转移、发展农业规模经营、发展农村经济、增加农民收入等方面提供了有力的支撑。

为进一步提高我国的农业农村机械化水平，更好的服务乡村振兴战略和美丽乡村建设，提升现代农业发展的高精尖水平。在北京市农业农村局的指导下，北京市农业机械试验鉴定推广站组织编写了《现代农业机械化技术》系列丛书。本丛书涵盖了农业产业和农村发展亟需的粮经、蔬菜、养殖、生态、农机鉴定和社会化服务组织管理六大方面农机化专业知识，在编写中注重“融合、支撑、创新、服务”理念和“生产、生态、生活、示范”功能，以全面服务农机科研主体、农机生产主体、农机推广主体、农机应用主体为目标，用通俗易懂的语言、形象直观的图片、实用新型的技术以及最新的科技成果展示，力求形成一套图文并茂、好学易懂、易于实践的技术手册和工具书，为广大农民和农机科研、推广等从业者提供学习和参考资料。

目 录

CONTENTS

第一章 水产养殖机械化技术

第一节　增氧机械化技术

一、技术内容

增氧机械化技术主要用于增加水产养殖中水体的含氧量。增氧机械有叶轮式增氧机、水车式增氧机、射流式增氧机、喷水式增氧机、充气式增氧机、吸入式增氧机、涡流式增氧机、增氧泵、微孔曝气式增氧机、微纳米增氧机。

（1）晴天中午开动增氧机1~2h，充分发挥增氧机的搅水作用，增加池水溶氧，并加速池塘物质循环，改良水质，减少浮头发生。一定注意避免晴天傍晚开机，此时开机会使上下水层提前对流，增大耗氧水层和耗氧量，容易引起鱼类浮头。

（2）阴雨天，浮游植物光合作用弱，池水溶氧不足，易引起浮头。此时必须充分发挥增氧机的机械增氧作用，在夜里及早开机增氧，直接改善池水溶氧情况，达到防止和解救鱼类浮头的目的。避免阴雨天中午开机，此时开机，不但不能增强下层水的溶氧，而且增加了池塘溶氧的消耗，极易引起鱼类浮头。

（3）夏秋季节，白天水温高，生物活动量大，耗氧多，黎明时一般可适当开机，增加溶氧。如有浮头预兆时，开机救急，不能停机，直至日出后，在水面无鱼时才能停机。

（4）当大量施肥后，水质过肥时，要采用晴天中午开机和清晨开机相结合的方法，改善池水溶氧条件，预防浮头。增氧机的使用，除与以上天气、水温、水质有关以外，还应结合养鱼具体情况，根据池水溶氧变化规律，灵活掌握开机方法和开机时间，以达到合理使用、增效增产的目的。

二、装备配套

1. 结构组成

叶轮式增氧机主要由电动机、减速箱、水面叶轮及浮球组成，叶轮式增氧机发展到今天已形成了一个产品系列，包括7.5kW、5.5kW、3.0kW、1.5kW、1.1kW、0.75kW的几种型号。目前，3.0kW、1.5kW两种叶轮式增氧机最为常用。

2. 工作原理

叶轮式增氧机具有搅水、增氧、混合、曝气的作用。这些作用是在机器运转过程中同时完成的。开机后，叶轮把下部的贫氧水吸起来，再向四周推送出去，使死水变成活水。在叶轮下面的水受到叶片和管子的强烈搅拌，在水面激起水跃和浪花，形成能裹入空气的水幕，不仅扩大了气液界面的表面积，而且气液间的双膜变薄，并不断更新，促进了空气中氧气的溶解速度。搅拌时还把水中原有的有害气体，如硫化氢、氨、甲烷、二氧化硫等通过曝气从水中解吸出来，排入空气中。由于叶轮在旋转过程中，在搅水管的后部形成负压，使空气能够通过搅水管吸入水中，而且立即被搅成微气泡进入叶轮压力区，所以也有利于提高空气中氧气的溶解速度，提高增氧效率。由于下层水不断地被提升与表层水混合，不断更新表层水，并且表层水又因重力作用不断向下层补充。叶轮式增氧机的这一功能很出色，因为它即有利于打破池水中溶氧的垂直均匀性，又可以充分发挥生物增氧效果。

3. 机具分类

增氧机械主要用于增加水体的含氧量。增氧机械主要分为叶轮式增氧机、水车式增氧机、射流式增氧机、涌浪式增氧机。

叶轮式增氧机除增氧外，还有搅水、曝气的功能，促进浮游植物的生长繁殖，提高池塘初级生产力。在使用过程中，可形成中上层水流，使中上层水体溶氧均匀，适用于池塘养殖或作为池塘急救设备使用。使用过程中很少发生机械故障，维护较为方便，减少了维修成本。 叶轮式增氧机可以使池塘水体垂直对流，把溶氧多的表层水传到底层，不但能增加底层水溶氧，缓解夜间或阴雨天气的缺氧状况，同时还能加速有机质的分解。

水车式增氧机，适用于养鳗池，它可形成方向性水流，并能诱使鳗鱼上食台摄食。整机重量较轻，结构较为简单，造价低，浅水池塘增氧效果好。水车式增氧机在中上层有着较强的推流能力和一定的混合能力，能获得较好的氧液接触面积，增氧效率高。缺点是对底层上升体力不够大，对深水区增氧效果不理想。在鱼发生浮头时，不适合用作急救。

射流式增氧机，增氧动力效率超过水车式增氧机，其结构简单，能形成水流，搅拌水体。射流式增氧机能使水体平缓地增氧，不损伤鱼体，适合鱼苗池增氧使用（图 1–1）。

叶轮式增氧机

水车式增氧机

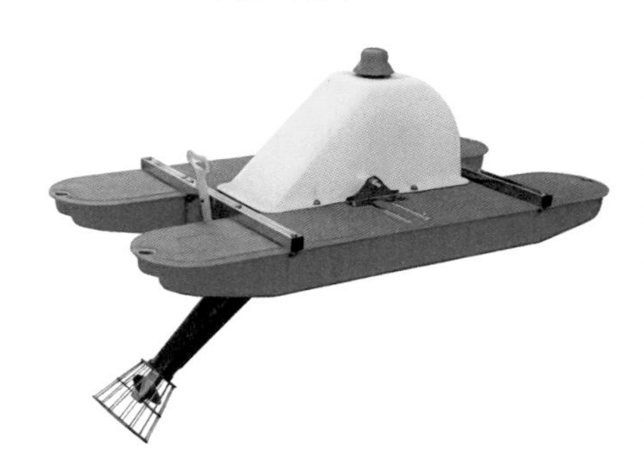

射流式增氧机

涌浪式增氧泵

增氧泵

喷水式增氧泵

图 1–1　各式增氧设备

三、操作规范

1. 选择增氧机类型

确定装载负荷一般考虑水深、面积和池形。长方形池以水车式最佳，正方形或圆形池以叶轮式为好；叶轮式增氧机每千瓦动力基本能满足 3.8 亩（1 亩≈ 666.7m^2，全书同）水面成鱼池塘的增氧需求，4.5 亩以上的鱼池应考虑装配两台以上的增氧机。

2. 确定安装位置

增氧机应安装于池塘中央或偏上风的位置。一般距离池堤 5 m 以上，并用插杆或抛锚固定。安装叶轮式增氧机时应保证增氧机在工作时产生的水流不会将池底淤泥搅起。另外，安装时要注意安全用电，做好安全使用保护措施，并经常检查维修。

3. 开机和运行时间

增氧机一定要在安全的情况下运行，并结合池塘中鱼的放养密度、生长季节、池塘的水质条件、天气变化情况、增氧机的工作原理、主要作用、增氧性能、增氧机负荷等因素来确定运行时间，做到起作用而不浪费。正确掌握开机的时间，需做到“六开三不开”。“六开”即：①晴天时午后开机；②阴天时次日清晨开机；③阴雨连绵时半夜开机；④下暴雨时上半夜开机；⑤温差大时及时开机；⑥特殊情况下随时开机。“三不开”即：①早上日出后不开机；②傍晚不开机；③阴雨天白天不开机。

在出现天气突变或由于水肥鱼多等原因引起鱼类浮头时，可灵活掌握开机时间，防止浮头或泛塘发生。

4. 定期检修

为了安全作业，必须定期对增氧机进行检修。电动机、减速箱、叶轮、浮子都要检修，对已受到水淋浸蚀的接线盒，应及时更换，同时检修后的各部件应放在通风、干燥的地方，需要时再装成整机使用。

四、质量标准

依据 DG/T 063-2016 增氧机械，见表 1-1。

表 1–1 增氧机械质量标准

序号	项目	质量指标要求
1	增氧能力，kg/h	叶轮式≥ 2.3 水车式≥ 1.9 涌浪式≥ 1.85
2	动力效率，kg/kW · h	叶轮式 >1.5 水车式≥ 1.25 涌浪式 >1.25
3	净浮率	叶轮式 >1.25 水车式≥ 1.25 涌浪式 >1.5

第二节 投饵机械化技术

一、技术内容

投饵机是一种代替人工投喂的机械设备，越来越多的被应用于渔业生产中。其优点在于抛洒面积大、抛洒均匀，有利于鱼的摄食，提高饵料的利用率，降低饵料系数。

（1）池塘水体的溶氧越高，投饵量也就越高，在养殖生产中，可以通过巡塘，观察浮头情况，采用相对应的投饵率。

（2）空气气压低、闷热无风天气或阴沉天气条件下，水中溶氧量较低，应减少投饲，否则会引起浮头。而在雷雨天气坚决停止投饲，待天气好转、水质条件稳定后，才可逐步恢复投饲。

（3）投饵机应在环境温度 5~40℃；输入电源电压在电动机额定电压的 ± 5%；逆向风速不大于 3.4m/s 条件下使用。

（4）投饲机箱体内部（控制盒旁）应安装 220V 交流电电源进线三芯接线柱，如采用脱线插头方式，电源线应为三芯电缆，长度应大于 5m；380V 交流电投饲机箱体内部（控制盒旁）应安装电源进线四芯接线柱，如采用脱线插头方式，电源线应为四芯电缆，长度应大于 5m。

二、装备配套

1. 结构组成

投饵机主要由料箱、送料控制装置、电动控制装置、震动装置、抛料装置等部分组成。目前投饵机根据动力的不同，主要有三种类型：一是使用 220V 电压的电动投饵机，广泛适用于池塘、水库养殖，是目前使用最多的一种；二是不用动力的小型投饵机，适用于面积较小的网箱和工厂化养殖；三是电瓶直流电供电的投饵机，适合电源不方便的边远零星池塘。

2. 工作原理

常用的自动投饵机主要由电动机、甩料盘、下料漏斗、搅拌器、落料控制片和机壳等组成。工作时，电动机经皮带轮减速后带动甩料盘和搅拌器转动，通过搅拌器的饲料经落料控制片和下料漏斗落入料盘，被叶片甩出机外，定向投入池中，饲料呈扇形散落鱼池中，也可以呈 360° 全方位投饲（此种投喂法适用于并列的两个池塘，在投饵机底盘上安装活动转盘即可做到）。

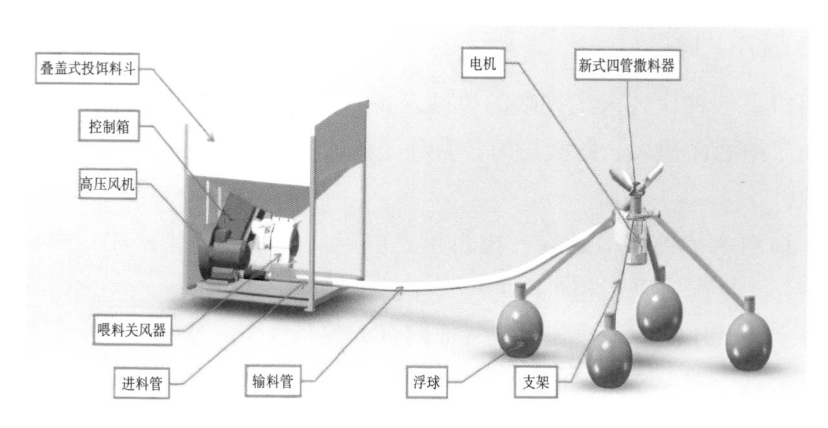

图 1–2　风送式投饵机示意

3. 机具分类

投饵机械主要分为池塘投饵机、网箱投饵机、工厂化自动投饵机。池塘投饵机主要有离心抛撒式投饵机、振动盘式投饵机、下落式投饲机。网箱投饵机主要有风送式投饵机（图 1–2）。风送式投饵机又分为正压式和负压式投饵机。工厂化自动投饵机主要有正压式风送式投饵机、轨道式投饵机、定点式投饵机、自动化投饵机。自动化投饵机由料仓、定量分配器、输送管道和集中自动控制系统组成。随着科技发展，先进智能化的投喂设备已逐渐应用，它可以定时、定次、定量、定点、均匀自动投饲，具有省工省时，减少饲料浪费，保护水环境等特点，实现定时定范围进行投饵。

三、操作规范

（1）投饵机位置必须面对鱼池的开阔面，要放在离岸 3~4m 处的跳板上，跳板高度离池塘最高水位 0.2~0.5m。投饵台位置可一年一换，由于鱼群抢食，难免池塘因搅水而越来越低。如果两塘口并立的，可共用一台，各式投饵用设备见图 1–3。

浮式投饵机

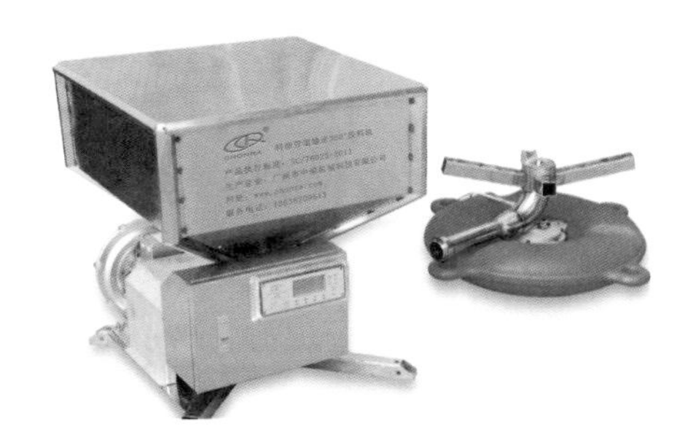

风送式投饵机

自动式投饵机

箱式投饵机

图 1–3　各式投饵设备

（2）开启投饵机，主要根据水温而定，一般有 12℃以上的水温，常规鱼便可开食，据实验早春水温低于 16℃，秋季低于 18℃，鱼群一般不浮水面抢食了。

（3）投饵机的工作时间一般是：投饵常用 2s，间隔常用 5s，每次投饵量以鱼群上浮抢食的强度而灵活设置，每次正常投饵不超过 1h。此前的驯化期间间隔时间调到 10s 以上，每次投饵时间可延长 3~4h。一般以 80% 鱼儿吃饱离开为宜。

（4）投饲机定时控制，供料机构的开启时间应分档或连续可调，准确度为 ±1s；供料机构的间歇闭合时间应分档或连续可调，准确度为 ±1s；每次投饲的工作时间应有一定的调节范围，在此范围内应分档或连续可调，准确度为 ±1min；投饲的停歇间隔时间应有一定的调节范围，在此范围内应分档或连续可调，准确度为 ±5min。

四、质量标准

依据 SC/T 6023-2002 投饲机（表 1-2）。

表 1-2　投饵机质量指标

序号	项目	质量指标要求
1	工作噪声，dB（A）	≤ 95
2	投饲破碎率，%	≤ 5
3	投饲扇形角，°	360
4	2m 内落料率，%	≤ 5
5	输送分配装置	转动平滑，无卡阻现象

第三节　水泵机械化技术

一、技术内容

水泵是输送液体或使液体增压的机械。它将原动机的机械能或其他外部能量传送给液体，使液体能量增加，主要用来输送液体包括水、油、酸碱液、乳化液、悬乳液和液态金属等。也可输送液体、气体混合物以及含悬浮固体物的液体。

（1）预制管道前把管道先用磨光机除锈后，再下料组对。以免组对成型后无法除锈。

（2）安装止回阀及阀门时看好方向，以免安反方向。垫片一定放正，紧螺栓时要对角紧，对角紧完后依次紧 2 圈，保证力矩紧均匀。止回阀为铸铁材质，当心紧坏。

（3）管道的厚度大于 8mm 时应打破口后组对焊接。管道组对时应做到内壁齐平，内壁错边量应小于壁厚的 10% 且≤ 2mm。焊接时分 2 遍施焊，保证焊口不漏。

（4）管道应做到横平竖直，保证美观。焊缝后表面应无气孔、裂纹、夹渣等缺陷。

二、装备配套

1. 结构组成

电动泵，即用电驱动的泵。电动泵是由泵体、扬水管、泵座、潜水电机（包括电缆）和起动保护装置等组成。泵体是潜水泵的工作部件，它由进水管、导流壳、逆止阀、泵轴和叶轮等零部件组成。叶轮在轴上的固定有两种方式。容积式泵：靠工作部件的运动造成工作容积周期性地增大和缩小而吸排液体，并靠工作部件的挤压而直接使液体的压力能增加（图 1–4）。

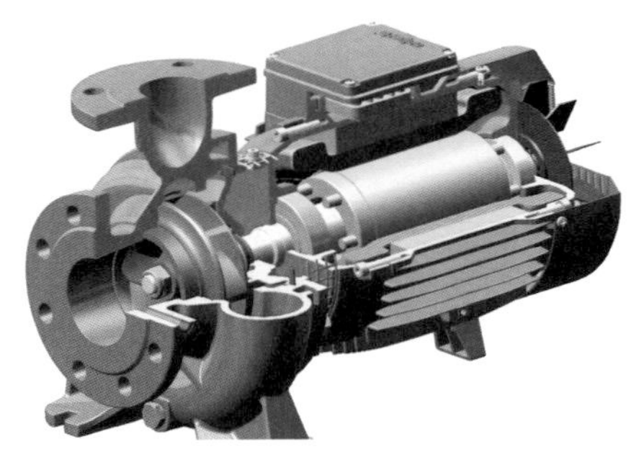

图 1–4　水泵结构示意

2. 工作原理

水泵启动前，先将泵和进水管灌满水，水泵运转后，在叶轮高速旋转而产生的离心力的作用下，叶轮流道里的水被甩向四周，压入蜗壳，叶轮入口形成真空，水池的水在外界大气压力下沿吸水管被吸入补充了这个空间。继而吸入的水又被叶轮甩出经蜗壳而进入出水管。由此可见，若离心泵叶轮不断旋转，则可连续吸水、压水，水便可源源不断地从低处扬到高处或远方。离心泵是由于在叶轮的高速旋转所产生的离心力的作用下，将水提向高处的，故称离心泵。

3. 机具分类

水泵根据运动部件运动方式的不同又分为：往复泵和回转泵两类。根据运动部件结构不同有：活塞泵和柱塞泵，有齿轮泵、螺杆泵、叶片泵和水环泵。叶轮式泵：它由进水管、导流壳、逆止阀、泵轴和叶轮等零部件组成，叶轮式泵是靠叶轮带动液体高速回转而把机械能传递给所输送的液体。隔膜泵：隔膜泵又称控制泵，是执行器的主要类型，通过接受调制单元输出的控制信号，借助动力操作去改变流体流量。隔膜泵一般由执行机构和阀门组成。采用压缩空气为动力源，对于各种腐蚀性液体、带颗粒的液体、高黏度、易挥发、易燃、剧毒的液体，均能予以抽光吸尽（图 1–5）。

潜水排污泵　　潜水泵　　离心泵

图 1–5　各式电泵

三、操作规范

（1）水泵有任何小的故障均不可继续工作。如果水泵轴的填料磨损后要及时添加，如果继续使用水泵会漏气。这样带来的直接影响是电机耗能增加进而会损坏叶轮。

（2）水泵在使用的过程中发生强烈的震动时一定要停下来检查是什么原因，否则同样会对水泵造成损坏。

（3）当水泵底阀漏水时，有些人会用干土填入到水泵进口管里，用水冲到底阀处，这样的做法实在不可取。因为当把干土放入到进水管里当水泵开始工作时这些干土就会进入泵内，这时就会损坏水泵叶轮和轴承，这样做缩短了水泵使用寿命。当底阀漏水时一定要拿去维修，如果很严重那就需要更换新的。

（4）水泵使用后一定要注意保养，水泵用完后要把水泵里的水放干净，最好是能把水管卸下来然后用清水冲洗。

（5）水泵上的胶带也要卸下来，然后用水冲洗干净后在光照处晾干，不要把胶带放在阴暗潮湿的地方。水泵的胶带一定不能沾上油污，更不要在胶带上涂一些带黏性的东西。

（6）要仔细检查叶轮上是否有裂痕，叶轮固定在轴承上是否有松动，如果出现裂缝和松动的现象要及时维修，水泵叶轮上面有泥土的也要清理干净。

四、质量标准

依据 DG/T 021-2017 潜水电泵大纲；GB/T 12785-2014 潜水电泵。

表 1-3　潜水电泵质量标准

序号	项　目	质量指标要求
1	有效度，%	≥ 98
2	电泵质量变化幅度，%	≤ 5
3	流量允许波动幅度，%	3（2 级）
4	出口扬程允许波动幅度，%	3（2 级）
5	输入功率允许波动幅度，%	3（2 级）

第四节　微滤机械化技术

一、技术内容

微滤机是一种截留养殖水体中大颗粒泥沙、悬浮藻类、颗粒及细小悬浮物的筛网式过滤机械。通过转鼓的转动和反冲水的作用力，使微孔筛网得到及时的清洁。结构简单、维修方便、寿命长，效率高、过滤精度高，出水水质稳定。占地小、运行费用低、节水节电。全自动连续工作，无需专人看管，可换各种网目的滤网。可用于自来水厂原水、工业用水的过滤处理以及去除藻类等浮游生物。

二、装备配套

1. 结构组成

微滤机主要由布水斗、滚筒、底座、档水罩、反冲洗泵、喷水管和传动装置组成。废水经进水口进入布水斗后，均匀地将水分布在旋转的滚筒内网上，水在重力作用下，由滤网滤出，过滤后的纤维，在内网面设置的导流叶片导流下，向出水端移动，直至出水口排出，通过截留养殖水体中固体颗粒，实现固液分离的净化装置，实现回收利用，过滤后的废水流往指定的地点或进行二次使用（图 1-6）。

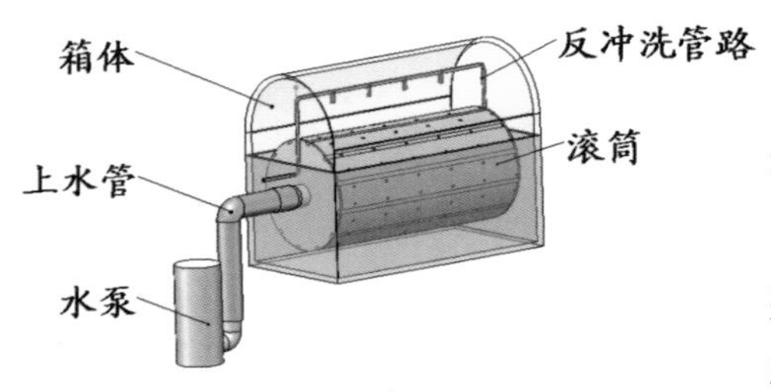

图 1-6 微滤机结构示意

2. 工作原理

微滤机的工作原理是当养殖水体通过微滤机转鼓上的微孔筛网时，在转鼓的转动作用下，对养殖水体中的固体废弃物进行分离，使水体净化，达到循环利用的目的。并在过滤的同时，可以通过转鼓的转动和反冲水的作用力，使微孔筛网得到及时的清洁，使设备始终保持良好的工作状态。

3. 机具分类

各式机具分类见图 1-7 所示。

全塑微滤机

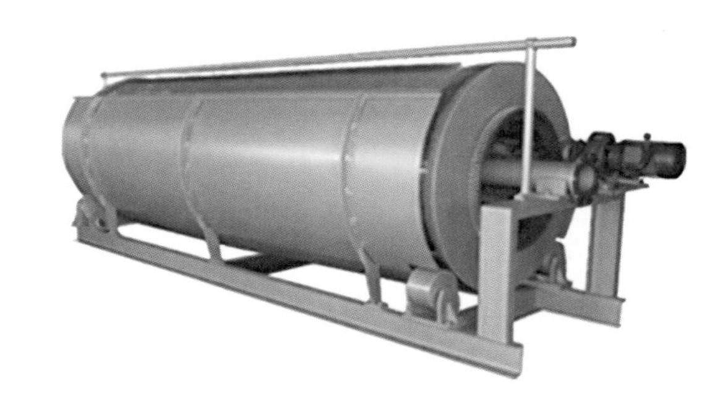
金属微滤机

图 1-7 机具分类

三、操作规范

（1）将微滤机安装在靠近泵池或其他处理液体的地方，确信据该设备顶盖 1~2m 的上方有足够空间可以检查和进行其他工作，要用水平仪检查溢流槽，使设备正确就位，如果必要，可在支架板下加调整垫片后旋紧地脚螺栓。

（2）微滤机采用管系连接，确认管道、衬垫和法兰已经对齐后，禁锢法兰上的螺栓，以保护设备不受外力冲击。

（3）电动机使用 AC380V，电动机的旋转方向必须与标识方向一致，三相电源不得缺相，并可靠接地。

四、质量标准

依据 SC/T 6055—2015 养殖水处理设备、微滤机（表 1–4）。

表 1–4 微滤机械质量标准

序号	项 目	质量指标要求
1	转鼓（盘）与机架密封圈接触面的径向圆跳动，mm	≤ 3
2	反冲洗水柱压力，MPa	≥ 0.2
3	反冲洗管压力，MPa	0.8

第五节 杀菌机械化技术

一、技术内容

紫外线杀菌器是一种用于杀灭养殖等水体中细菌、病毒、寄生虫、水藻以及其他病原体的设备。消毒过程中对水体不产生二次污染，杀菌速度又快又好，效率高。可用于水产养殖业、自来水厂等水消毒领域。

（1）紫外线杀菌灯管最好选用低压供电。

（2）UV 紫外线杀菌灯管一定要与其他配件隔离开，紫外线的透过率应大于 85% 以上。

（3）承压筒体的工作压力一定要大于 0.6MPa。

（4）杀菌器应设有灯管点燃指示，可以观察紫外线辐照强度。

二、装备配套

1. 结构组成

紫外线杀菌器由镇流器、防水接头、防尘帽、灯座、紫外灯管、螺帽、石英套管、密封圈、外壳、卡座等组成。将石英套管装入杀菌器外壳内，半圆封头一端朝里，并将其转动支撑中心孔。将密封圈套在石英套管上，往杀菌器端部装上螺帽并将其旋紧。将灯管插入灯座上后装入杀菌器内，把防水接头旋在防尘帽上，并把电线锁紧。连接好进出水管即可投入使用，注意要先通水后再接通电源（图 1–8）。

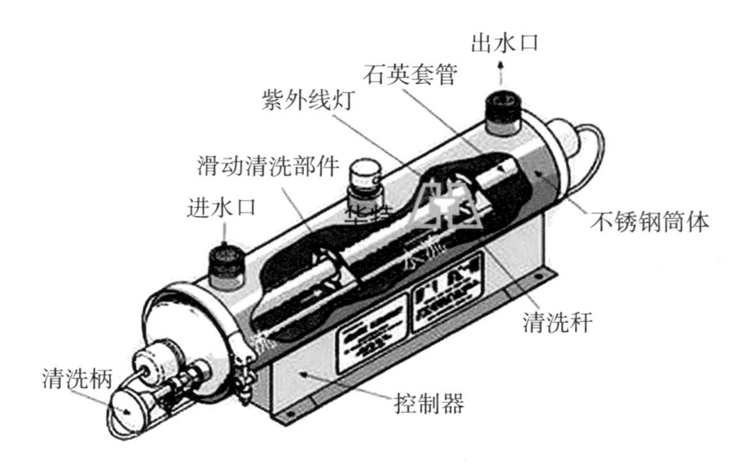

图 1-8　杀菌器示意

2. 工作原理

紫外线杀菌器采用先进的紫外线消毒技术，利用紫外线 C 波段发出的 253.7nm 光波对水或空气中各种细菌病毒的瞬时间照射，穿透微生物的细胞膜和细胞核，破坏分子键，使其失去复制能力或失去活性而死亡，从而达到快速杀灭水或空气中所有细菌病毒。利用紫外线的强力辐射作用破坏水中细菌、病毒、水生藻类的细胞组织而将其杀灭。防止养殖鱼类疫情产生或景观水出现浑浊。同时紫外线能分解臭氧，是养殖或景观水处理中不可或缺的设备。

3. 机具分类

可分为单通道杀菌器和多通道杀菌器两种，如图 1-9 所示。

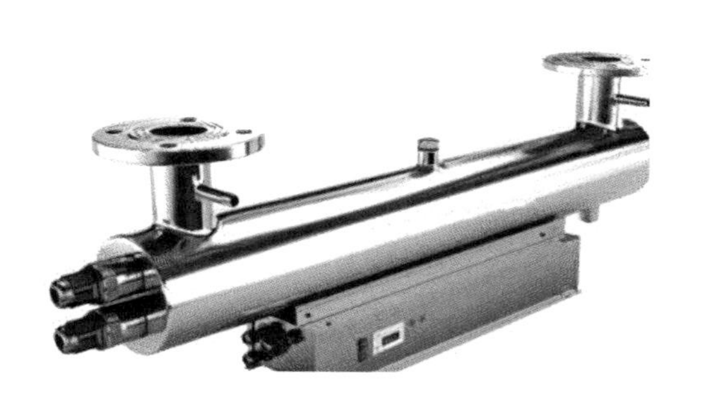

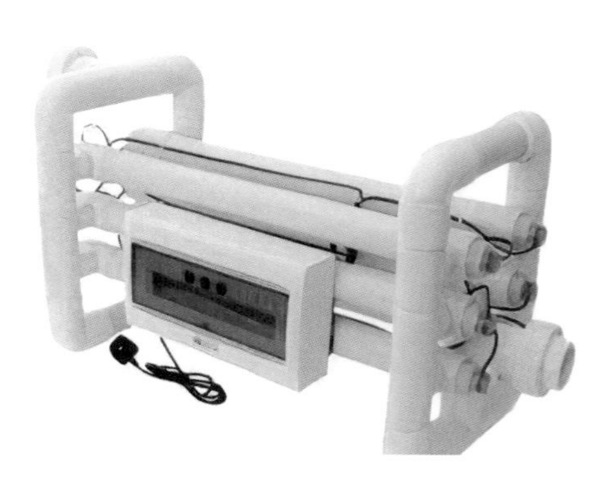

单通道杀菌器　　多通道杀菌器

图 1-9　各类型杀菌器

三、操作规范

（1）紫外线杀菌器严禁频繁启动，特别是在短时间内，以确保紫外灯管寿命。

（2）紫外线杀菌器应根据水质情况定期清洗灯管和石英玻璃套管，可用酒精棉球或纱布擦试灯管，去除石英玻璃套管上污垢并擦净，以免影响紫外线的透过率，而影响杀菌效果。

（3）更换灯管时，先断开灯管电源，抽出灯管，再将擦净的新灯管装入杀菌器内，注意手指不要触及石英玻璃套管，否则会影响杀菌效果，装好密封圈，检查有无漏水现象，再插上电源。

（4）请勿直视紫外线光源，紫外线照射可能引起皮肤红斑、眼结膜刺激和易于疲劳等现象。

（5）杀菌结束后应收藏好，避免孩子误使用造成杀菌器损坏和人身伤害。

四、质量标准

依据《消毒技术规范》（紫外线消毒的效果监测）（表 1–5）。

表 1–5 杀菌机械质量指标

序号	项 目	质量指标要求（功率）
1	普通型紫外线灯紫外线强度，$\mu m/cm^2$	30~40W ≥ 90 20~25W ≥ 60 15W ≥ 20
2	高强度紫外线灯紫外线强度，$\mu m/cm^2$	30~40W ≥ 180 20~25W ≥ 60 15W ≥ 30

第六节 蛋白分离机械化技术

一、技术内容

蛋白分离是一种快速有效地去除养殖水中鱼类的粪便、多投的残饵等杂质的设备，以便防止它们进一步分解成对生物有毒的氨氮。因气水充分混合，接触面积大，还可以增加水中溶氧量。

二、装备配套

1. 结构组成

蛋白质分离器是由进水装置、进气装置、外反应室、内反应室、泡沫收集管、大颗粒排污、底部排空、臭氧加注、出水及工作液位调整等部分组成。

2. 工作原理

蛋白分离器是利用气泡浮选处理的原理，通过气泡发生器持续不断的在水中释放极细小的气泡（直径为 10~100μm），使气泡形成像筛网一样的过滤屏幕，并利用气泡表面的张力吸附水中的悬浮物，通过气浮方式来脱除养殖污水中悬浮的胶状体、纤维素、蛋白素、残饵和粪便等有机物，这包括氨化物、蛋白质、铜和锌等金属类、油脂、碳水化合物、磷酸盐、碘、脂肪和苯酚。气泡越小，效率越高。泡沫分离的效果起决定性作用的是气泡供给方式、气泡接触强度和泡沫回收方式等。具体处理流程为：需要处理的水体在进入内、外两个反应室时，在 PEI 势能进气装置的作用下吸入大量的空气，期间多次切割水气混合体，形成 N 形水流，产生大量微细气泡。微气泡向上运动时，水中的悬浮颗粒和胶质（主要是养殖生物的残饵及排泄物等有机物）便附着在微气泡表面上，造成密度小于水的状态，利用浮力原理使其随气泡向上运动，并聚积在上部水面，随着微气泡的不断产生，聚积的污物气泡不断推积到顶部的泡沫收集管中被排出。

3. 机具分类

见图 1–10 所示。

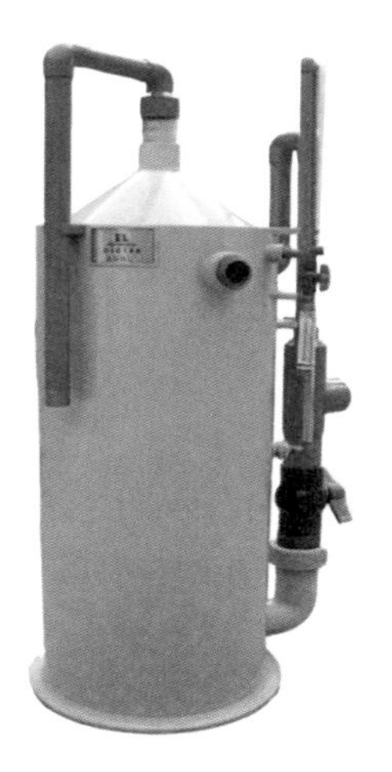

图 1–10　蛋白分离器

三、操作规范

（1）安装蛋白分离器时，首先要确定蛋白分离器安装位置，要准备好充裕的管道和合适的进水泵，确定蛋白分离器安装的高度，保证其在一个水平状态下安放，很小的高度差距都有可能造成蛋白分离器爆冲或者是水体不能完全进入而无法正常工作。

（2）必须要等蛋白分离器内水满后再开水泵。

（3）蛋白分离器运行中要注意观察，调节出水口的调节阀，避免外溢。

（4）使用过程中，排水阀门保持关闭，排污阀门保持开启。

四、质量标准

依据技术参数见表 1-6。

表 1-6 蛋白分离机械质量指标

序号	型号	尺寸（m）	处理量（T）	滞水时间（min）	功率（kW）	进出水口径（mm）
1	ADM5	Φ250 × 1 700	5	2	0.35	40/50
2	ADM10	Φ450 × 2 000	10	2	0.75	50/63
3	ADM20	Φ520 × 2 200	20	2	0.9	50/75
4	ADM30	Φ600 × 2 400	30	2	1	63/90
5	ADM40	Φ700 × 2 500	40	2	1.1	63/110
6	ADM50	Φ720 × 3 000	50	2	1.3	75/110
7	ADM60	Φ850 × 3 000	60	2	1.5	90/110
8	ADM80	Φ900 × 3 200	80	2	1.8	110/160
9	ADM100	Φ1100 × 3 500	100	2	3	110/200

第七节 水力挖塘机械化技术

一、技术内容

水力挖塘机组是开挖和整修池塘的成套装置。主要用于鱼池建造和维护，还可用于农田基本建设、河道开挖和河堤加固等。具有工效较高、施工质量较好、工况适应性较强、能耗和施工成本较低等优点。

（1）系统在使用前确保有可靠的接地装置和显著的接地标志。

（2）应设有短路、短相、过载保护及漏电保护装置。

（3）充足的水源，电压 380 V（1 ± 7%）。

（4）气温 -2~40℃，空气相对湿度≤ 85%。

（5）在额定负荷下，导电部分的温升不超过 45℃。

（6）导电部分与箱壳之间的绝缘电阻不低于 5MΩ。

（7）应经受频率为 50Hz，电压为 2 000V 耐压试验，历时 1min，无击穿和闪烁现象。

（8）支承浮体的强度和刚性应满足支承立式泥浆泵及整体搬移的要求。

（9）浮体不允许渗漏水，其有效长度及总浮力应满足在工作面浸水时不倾覆，电动机不受水淹，其净浮力值应大于被支承物总质量值的 1.8 倍。

（10）防水电缆应符合 GB 5013.4 的规定。

（11）电控箱内外表面、支承浮体外面、外露紧固件应进行防锈处理；油漆应光滑、平，不得有裂纹、脱皮等缺陷，漆膜附着力用划格法试验时，应达到二处二级以上。

二、装备配套

1. 结构组成

水力挖塘机是由冲泥设备、输泥设备、泥浆处理设备组成。其中冲泥设备由高压水泵、水枪和输水管组成。水泵压强可根据不同土质选用：在水枪离工作面 1~4m 范围，对池底淤泥或轻壤土需 0.343 N，对原状黄土需 0.49N，对密实黏土及原状细砂需 0.735N，对硬黏土及原状粗砾需 1.47N。水枪要求射程远，压力大，使水柱的密直段在喷嘴外 4m 以内。输水管由耐腐蚀材料制成。输泥设备，由立式泥泵、浮体和输泥管组成。泥浆泵直接在工作面上吸泥，能通过较大的石砾、泥块等杂物，并能在不同倾斜状态中正常工作。常用泥浆泵功率 13kW，扬程 16m，可随意启动并经常满负荷工作。浮体是呈流线型的双体浮筒，要有较大的浮力，以便悬浮泥浆泵。输泥管直径一般为 100mm。泥浆处理设备，开挖鱼池产生的泥浆常用于修筑鱼池的梯形堤。筑堤时泥浆中常掺凝聚剂聚丙烯酰胺以加速沉淀和凝聚。泥浆处理设备由凝聚剂喷头和搅拌箱组成，安装于输泥管出口处。泥浆进入搅拌箱后喷入凝聚剂经搅拌后输往指定地点。

2. 工作原理

水力挖塘机是采用高压泵和水枪将清水经加压后形成的高压高速水柱冲击作业面土体，使之湿化崩解形成泥浆、泥块混合液，再由泥浆泵吸送到堆土地点经处理后沉积堆放。

3. 具体机具

图 1–11 所示为水力挖塘机的机械设备。

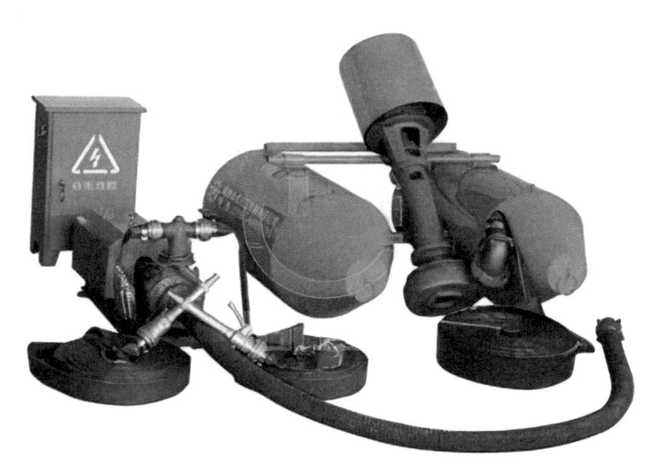

图 1–11　水力挖塘机

三、操作规范

（1）机组安装时应距水源在 100m 以内，距离太远会增加机组负荷，降低作业效率。若距离超过 100m，应开挖引水渠或临时水塘。

（2）安装输泥管时，应保证管路直、拐弯少、爬坡缓，管路不允许存在锐角，以减少泥浆输送阻力。

（3）高压泵应靠近水源，输水管的长度要根据高压泵与工作面的距离及水枪的活动范围确定，避免弯路，必须拐弯时也应平缓。

（4）在使用高压泵、水枪、水源时，三者间距应尽量靠近。高压泵距水枪越近，管路扬程损失就越小，水枪喷出的水柱速度就越高；水枪距工作面越近，水柱密度就越大，流速就越高，冲击力也越大；工作面距泥浆泵越近，就越易于将较高浓度的泥浆吸走。

（5）当土质松软时，可两支水枪配合使用，一支在底部水平“扫射”，另一支在顶部垂直切割，使土层不断崩塌并在水流冲刷下涌向泥浆泵。

（6）当土质较硬、所挖土层较厚时，可用水枪反复冲击底部土层，把底部掏空形成沟槽，使上部土层借自重倒塌，再用水枪切割冲碎。

（7）当土质坚硬时，应选用较高扬程的高压泵或小口径喷嘴，以提高水枪的冲击力。

四、质量标准

依据 SC/T 6021–2002 水力挖塘机组（表 1–7）。

表 1–7　水力挖塘机组质量指标

序号	项　目	质量指标要求
1	紧急启停装置	在工作面应设有供水枪操作人员方便控制立式泥浆泵启、停的防水开关
2	电气控制电	控箱应置于工棚内，并可靠接地
3	安全防护	立式泥浆泵、离心泵的电动机应设有防雨、防喷溅罩壳

第二章

水产养殖智能化技术

第一节　水产数字化管理技术

一、技术内容

“数字水产”是一项利用信息技术、自动控制等高新技术对水产养殖全过程实行数字化和可视化表达、设计、控制和管理的现代新型水产养殖业技术。“数字水产”通过创新养殖管理模式，最终达到提高水产品质量安全和环境生态均衡、促进水产养殖健康发展的目的（图 2–1）。

图 2–1　水产养殖数字化农场

水产养殖数字化已成为现代渔业的重要内涵和支撑，能够促进水产养殖业的发展和渔业信息化体系的建立，并提升养殖户市场参与能力和养殖品质。数字化手段的运用是设施养殖的技术前提，同时为其他数字化处理手段的运用提供有效载体。水产养殖全过程的数字化有助于水产品质量的安全追溯，实现对水产养殖环节的全面感知，促进我国水产养殖体系的完善，同时促进我国水产养殖基础数据积累和适合我国国情的信息化模式的形成。

如今，养殖户再也不用蹲在鱼塘边测水质了。目前开发的很多水产养殖水质智能监控系统，不仅能实现养殖水质的数字化自动采集、智能预警，还能发布调控决策建议，教你下一步该怎么做。这样一来，水产养殖就从经验化走上了真正意义的精准化（图 2–2）。

图 2–2　鱼塘监控系统

二、装备配套

1. 结构组成

完整的水产品智能化养殖监控系统是在物联网环境下，利用智能处理技术、传感技术、智能控制技术、数据收集技术、图像实时采集技术、无线传输技术来进行智能化处理。预测信息发布辅助养殖生产决策，从而实现现场以及远程数据的获取、报警控制和设备控制。养殖监控系统的总体构成主要有：水质监测、环境监测、远程监测、视频监测、远程控制、短信通知等功能。整个操作过程利用了电子技术、传感器技术、计算机与网络通信技术，来监控水产养殖过程中的各项影响因素的合适值，控制各项影响因素在最合适的数值内，从而营造出最佳的养殖环境。关系型数据库包含了养殖品种数量、池塘基本信息以及投放饲料的溯源问题。养殖监控系统包括多参数传感器集成及传输系统，对水产生存环境的

pH 值、水温、溶解氧（dissolved oxygen，DO）等数据进行采集，之后进入信息采集模块进行处理，通过一些措施控制养殖水质的环境因子在最合适的范围内，使得水产可以在最优质的环境下快速的生长，缩短了水产的生长周期，以此提高水产的产量。投喂决策通过控制远程自动投饵机得以实现，根据池塘养殖品种的生长数字模型并结合传感器测量的环境因子变化情况，确定投喂时间和投喂量，形成自动投饵策划（图 2-3）。

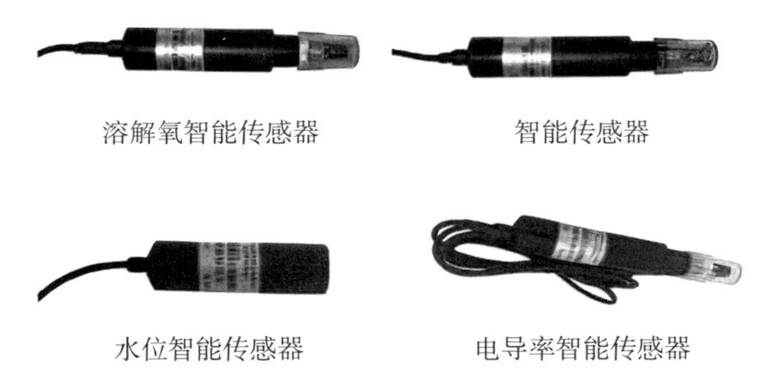

图 2-3　测定传感器

2. 工作原理

养殖监控系统的智能中心主要是将采集来的信息进行整理、输出再进行控制，其属于整个模块的智能中心，监控人员与客户无论是在室内或者户外，都可以通过现场的监控设备、远程 PC 机控制或通过通讯设备来进行控制，打破了传统的水产养殖模式，实现了现代化养殖的自动化与智能化。现场控制中心可以根据监测系统显示的结果进行智能控制，与此同时还能及时的通知现场的工作人员进行问题的处理，这样就避免了水产养殖过程中出现差错的几率，进而实现利益的最大化（图 2-4，图 2-5）。

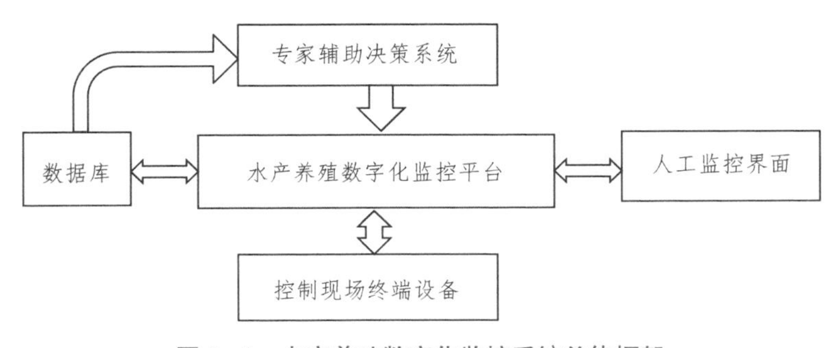

图 2-4　水产养殖数字化监控系统总体框架

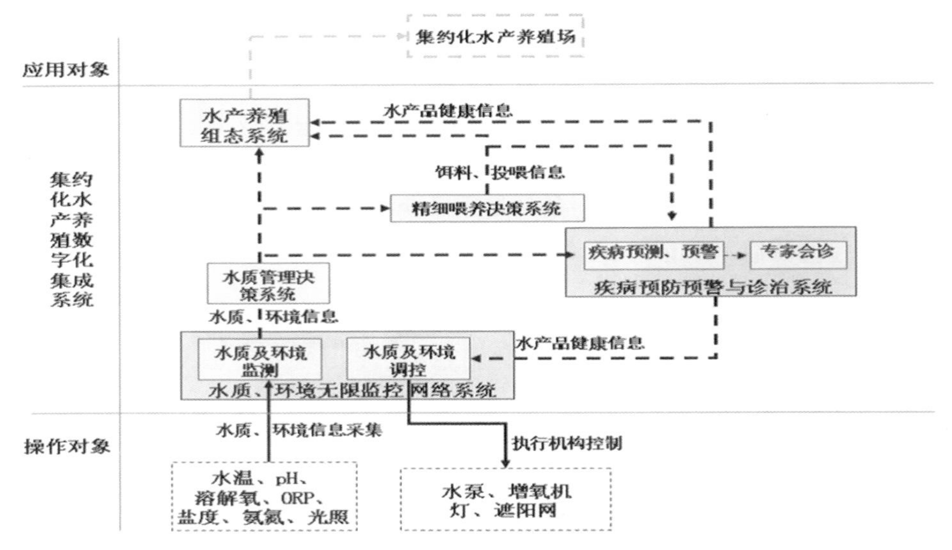

图 2-5 集约化水产养殖数字化集成系统逻辑结构

第二节 水产环境监测技术

一、技术内容

水产养殖环境监测技术是通过对鱼塘的环境以及现场设备的集中监控，使得水产养殖实现智能化，随时随地掌控鱼塘的实时情况。由无线传感器、无线通信技术、互联网构建的无线传感网络具有智能化程度高、信息时效强、覆盖区域广、支持多路传感器数据同步采集、可扩展性好等特点，在水产养殖水环境监测方面具有较好的应用空间。一方面，可视化环境水产养殖智能管理系统将养鱼场中的温度、pH 值、溶解氧、氨氮含量、水位等信息变为可随时查看的数据，为养殖户提供实时的、科学的养殖依据。另一方面，为养殖户洒肥泼药、打氧、新水注入等操作提供科学的依据，并做出必要的警告和对相关的养鱼设备进行控制。

二、装备配套

1. 结构组成

水质监测与管理系统主要由主控计算机、现场传感器、无线智能测控终端设备等组成。通过 RS-485 总线将数字传感器与无线智能测控终端连为一体，构成现场监控单元。无线测控终端内置 CPU 模块、数据存储模块、控制模块、通用分组无线服务技术（general packet radio service，GPRS）数据通信模块。直接通过 GPRS 分组交换技术将现场数据与远程控制中心连接，将采集到的水温、溶解氧（DO）、pH 值数据实时发送到远程数据库服务器。根据在线监测数据可以及时开启水温调节装置、增氧机、抽水机，进行水质环境调节（表 2-1）。

表 2-1 水质参数辨识与传感器类型

识别参数	传感器名称或选型	量程范围	分辨率	精度
pH 值	pH 复合电极	0~14.00		
	E-201- 型 pH 复合电极			± 0.3
	PH450 系列	-2.00~15.00	0.01	± 0.01
溶解氧含量	覆膜原电池式氧传感器			
	极谱式探头	0~99.9mg/L	± 0.2%	1×10^{-8}
	极谱式溶解氧电极	0~20.00mg/L		
	DO-952 型溶解氧电极			± 0.3mg/L
	DO300 型溶氧传感器	0~20.00mg/L	0.1%	± 1%
温度	DS18B20 型温度计	-55~125℃		± 0.5℃
	热敏电阻型	-10~120℃	0.1℃	± 0.1℃
	红外温度计 R aytek Mini		0.1℃	
水位	UXI-LY 压力型水位计	1~70m		0.3%
太阳辐射量	照度计	0~120mW/cm^2	2mW/cm^2	± 2%
相对湿度	Model-Lutron HT-3003		0.1%	
风速	便携式数字风速仪		0.1m/s	
流速	AEM1-D 型电磁流速传感器	0~5m/s	0.002m/s	± 2%

2. 工作原理

养殖水质在线监控的系统集成就是对整个养殖生产工艺流程所牵涉的各个环节，通过统一的平台进行工程设计和组态，达到网络区域的水质检测、现场设备和养殖场各种控制的可视化运行要求。系统集成的原则是水质传感器检测原理和方法符合国家有关技术标准，设备符合技术规范，系统具有性能稳定、简单实用、性价比高等特点。同时，具备系统的可配置性和资源扩展能力。养殖水质在线自动化监控系统主要由采样系统、传感器网络、现场控制器、FCS 总线、系统软件等部分组成。

3. 装备配套

水质监测系统的采样方式有单点式采样和多点式采样。单点式采样就是把传感器直接设置在水中进行水质检测，设置形式可分固定和移动 2 种方法。单点式采样系统结构简单，检测水样多，然而需配置的传感器也多，传感器的配置投资高。多点式采样系统有取样泵、输水管道、过滤器、电磁阀等组成。通过现场 PLC 或 I/O 模块对阀门的控制，实现多个采样点循环测定，确保水样互不干扰。取样管道要有水样处理装置，将水样中的水草、泥沙等杂物分离冲走，避免堵塞管路，保证分析系统正常运行。多点式采样适用一个传感器检测多个采样点，系统结构复杂，配置的传感器少，传感器配置投资低。

三、操作规范

我国的养殖水质监控系统软件具备实时数据采集、数据管理、实时数据监视、数据组态、历史管理、数据查询等功能。人机界面面向操作员，把实时动态的各种信息量以图形、文字、画面的方式有机地结合在一起，操作简便，直观性强。可用键盘和鼠标完成对软件的全部操作，采用中文界面。

目前投入使用的系统可由安放于养殖鱼塘的前端管控主机、安放于后台的服务器、养殖人员手机组成。

每个养殖户多个鱼塘由一台智能水产养殖主机管理控制，主机负责将采集到的数据经移动通信数据通道和互联网传送到服务器，也可以接收来自服务器的控制指令，打开或关闭鱼塘里的设备。每个鱼塘前端安装有两类设备：第 1 类传感器用于采集数据，包括含氧量、盐度、温度传感器，分别用于采集养殖水体溶氧量、含盐量、温度；风向、风速传感器，用于采集气象条件。第 2 类常用控制设备，包括增氧机、投料机、换水泵。

养殖户即使人不在现场也可以通过手机微信公众号，等移动终端设备远程实时查看自己鱼塘的传感器数据，及时获取异常报警信息，远程启停增氧机、换水泵，实现智能控制。另外还可以根据监测结果，根据鱼塘形状、鱼群生产特点，控制投料的时间间隔及投料的量，达到无人也可以自动喂养、精确投料，实现智慧养殖（图 2-6 至图 2-10）。

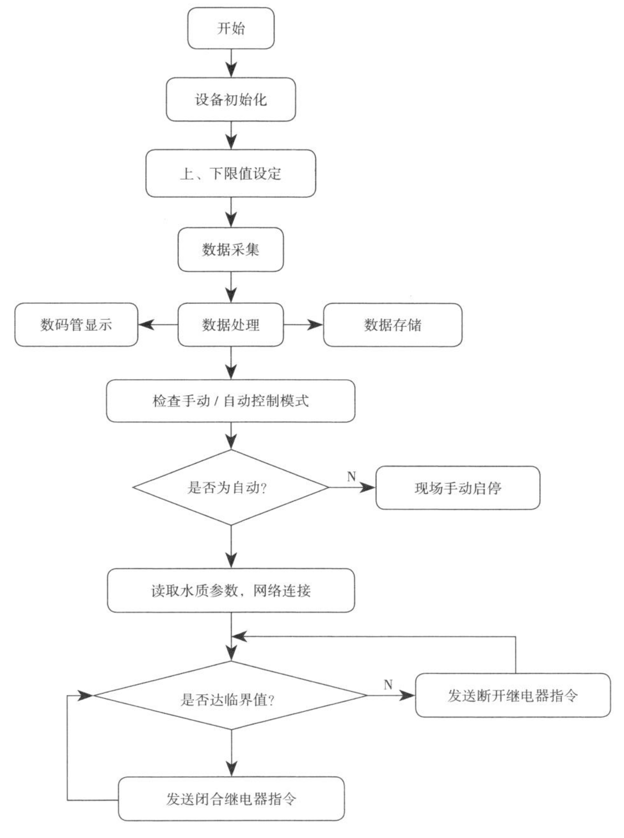

图 2-6 主程序流程

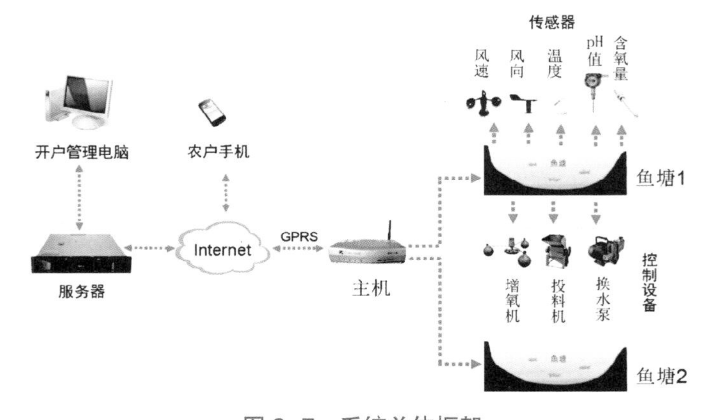

图 2-7 系统总体框架

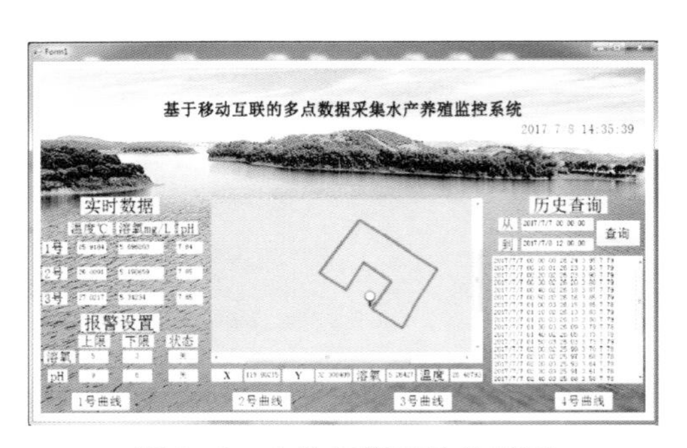

图 2-8　上位机管理软件界面

图 2-9　客户端

图 2-10　手机端操作界面

四、质量标准

农业部颁布的《无公害食品海水养殖用水水质》规定了养殖用水水质要求。但在实际生产过程中，一般通过监测和控制水质参数，把水质控制在养殖要求的范围内。例如，水体的溶解氧应保持在 5~8 mg/L；pH 值在 6.5~9.0，海水养殖在 7.5~8.5，氨氮质量浓度在 0.6mg/L 以下，硫化氢的质量浓度应严格控制在 0.1mg/L 以下。

多参数水质传感器是利用传感器技术、测量技术、控制技术及相关专用软件和通讯网络组成的系统。根据监测需要，选用相关的水化、水文、气象和生态的多个水质测试探头组合成传感器。它对养殖水体中一些主要影响鱼类生长和健康的参数进行量化分析，进而采取相应措施调控水质，确保水质符合安全需求。多参数水质传感器具有对水样检测数据自动采集及传输、测量参数现场显示、设备和异常值自动报警、自动清洗、自动校正等功能，以及数据自动存贮、供上位机通讯及查询、停电保护及来电自动恢复功能。

有的多参数水质传感器能监测不同水层的垂直剖面水质参数，可用于水库、河口和海湾的养殖水体的水质监测；研究藻类分布、迁移与群体结构；研究增氧机、风力等动力驱动对水体溶解氧分布的影响；建立典型断面水质检测预警系统，对水质实施有效预测预报。

在养殖水质监控领域常用 RS-485 通信协议或 CAN-bus 通信标准 2 种总线。

第三节　水产自动控制技术

一、技术内容

工厂化水产养殖是集机、电、化、仪、生物工程和水处理技术为一体，建立起一个水体循环的封闭养殖工厂，在人工控制条件下进行高密度、工业化养殖生产。其生产过程通过一系列生物、物理和化学手段，对养殖水体和生态条件进行处理、监测和控制，创造出最适宜养殖生物生长的水体环境，达到最快的生产速度，从而使单位体积水体产量获得极大的提高。该养殖方式特点是养殖密度高，有利于节约用地；养殖水体循环使用，降低了水资源的损耗，减少了污染；因此，工厂化水产养殖符合“资源节约、环境友好型”的可持续发展战略，具有广阔的发展前景。

自动控制技术是工厂化水产养殖技术的重要方面。应用自动控制技术，可以对养殖水体和微生态环境的一些重要参数进行最佳调节和控制，最大限度的发挥工厂化养殖的效能，达到精准控制养殖生产过程的目的。养殖过程的影响因子很多，并且有些参数相互影响，变量较多，多因子全过程控制比较困难，影响较大的主要参数包括溶解氧、pH 值、温度、浊度、氨氮、盐度、碱度、传导率等。自动控制技术主要是研究这些参数的调节与控制方法，为工厂化养殖的自动化和精准化提供技术支持。

自动控制技术在水产养殖领域的应用，极大地促进了水产养殖行业的工业化发展。建立设备配套性能完好、技术先进、自动化程度高、系统连续稳定运行的自动控制系统，能够确保养殖系统控制的准确性、安全性和适应性，为养殖生产提供可靠的水质和生态条件。

二、装备配套

1. 结构组成

集约化水产养殖数字化集成系统主要分为 3 个部分：水质和环境信息无线监控网络系统、水产健康养殖精细化管理决策系统（水质管理决策系统、精细喂养决策系统和疾病预防预警诊治系统）和水产养殖生态系统。水质及环境监测系统动态采集的各种水质和环境信息将为精细喂养决策系统与疾病预防预警诊治系

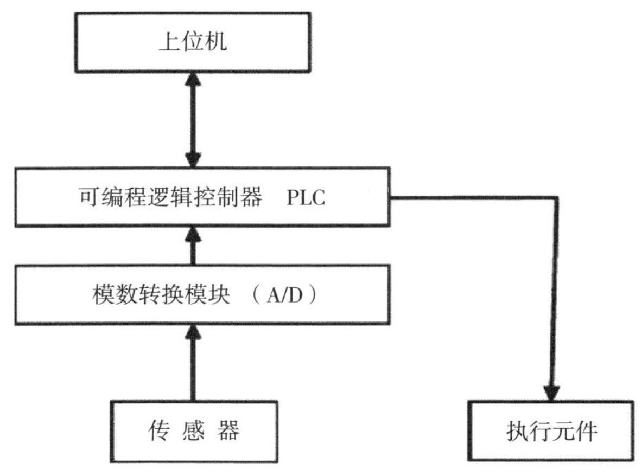

图 2-11 单因子自动控制系统组成

统的基础决策提供基本的信息支撑，同时疾病预测、诊断系统的水产品健康信息又可作为水质及环境调控参考。水产养殖组态系统将基于SVG技术集成水质监控、精细喂养和疾病预警诊治系统，为集约化水产养殖场提供可视化的管理界面。

工厂化水产养殖生产过程的影响因子很多，各种参数相互之间的影响比较大，控制规律和系统组成复杂。把多种复杂的多因子控制系统，分解为单因子的调节与控制，就变成了简化的控制系统，如图 2-11 和图 2-12 所示。

2. 工作原理

在水产品疾病预防预警系统中预警的基本逻辑过程包括确定警情（明确警义）、寻找警源、分析警兆、预报警度以及排除警情的一系列相互衔接的过程。这里明确警义是大前提，是鱼病预警研究的基础，而寻找警源，分析警兆属于对警情的因素分析及定量分析，预报警度则是预警目标所在，排除警情是目标实现的过程。

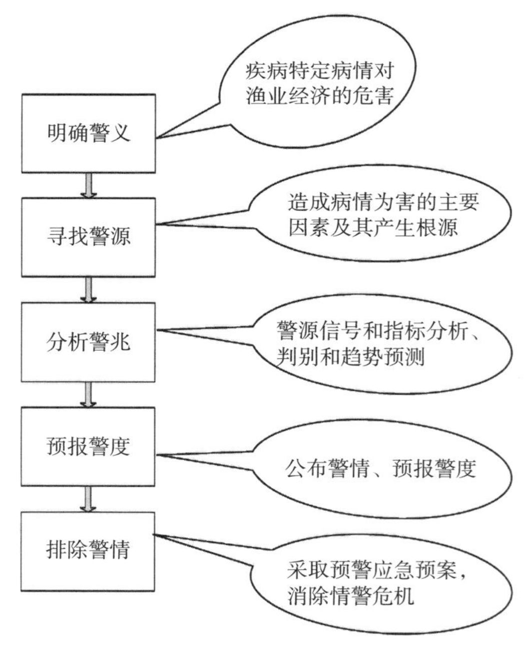

图 2-12 疾病预警逻辑过程

三、操作规范

1. 精细喂养技术

生产上控制每次投喂的投饲量，通常依据经验以养殖对象摄食达到一定的饱食程度为准，掌握“八分饱”的原则，在撒喂方式中通常以 80% 的摄食个体离开投饵区为直观判断依据，在一次性放入饵料台的饲喂方式中以确保 80% 的饵料被摄食为直观判断依据。这样的饱食程度有利于保持养殖对象的食欲、提高饲料的消化利用率、减少饲料损失、保证养殖对象最佳生活生长状态。若养殖对象一次摄食过饱，会导致消化吸收率降低，不仅造成饲料浪费，也容易引起消化道疾病。

均匀投喂无论是机械投喂还是人工投喂，都要保证饲料在摄食区水面均匀分布，力求每个个体都有充分摄食的机会，避免群体聚集抢食消耗体能及造成饲料沉底浪费。

控制节奏每次投喂，应根据群体摄食情况，把握好投喂的节奏，通常以两头慢、中间快为好。起初群体尚未完全进入最佳摄食状态，投饲节奏应略慢；摄食群体增大后，加快投喂节奏；当摄食群体开始减少时，应逐渐放慢投喂节奏；待 80% 的个体不再激烈抢食或离开摄食区，即可停食。

投喂次序为满足养殖对象的营养需要，采用两种饲料投喂，最好避免同时投喂，即当第一种饲料投喂完毕再改用另一种饲料，因不同饲料适口性不同，同时投喂会给养殖对象造成选择性摄食的机会，势必造成某种饲料的浪费。例如，采用青草饲料和颗粒饲料投喂草鱼，采用生鲜鱼块和颗粒饲料投喂翘嘴红鲌，如将两种饲料同时投喂，会影响养殖对象对颗粒饲料的集中快速摄食，极易造成配合饲料不能被及时摄食而沉底或散失，造成浪费。混养个体规格不同的养殖对象，采用粒径不同的饲料投喂，一般先投喂粒径大的饲料饲喂大规格养殖对象，再投喂粒径小的饲料饲喂小规格养殖对象，避免因大规格养殖对象对小规格养殖对象摄食的干扰，造成摄食不匀和饲料浪费。

减量或不喂情形包括如下几种。

（1）天气变化：夏季异常高温或阴雨天气，养殖水体容易缺氧，鱼类饱食会造成自身耗氧量的增加，水体残饵碎屑及各种耗氧因子的作用增强，易造成鱼浮头甚至窒息，应减少投喂量。天气变化剧烈应停止投喂。

（2）水质变化：发生水质恶化，水体缺氧，鱼类摄食能力下降甚至停食，应暂时停止投喂，避免因投喂进一步败坏水质，待情况改善后再正常投喂。

（3）鱼体病变：鱼体发生病变，应大幅度减少投喂次数和投喂量，避免因投喂加重病情，造成水质恶变；病变严重，应暂时停喂。

（4）捕捞和放养：在拉网捕捞前，至少停喂 1 天，鱼体因捕捞会造成不同程

度的损伤，饱食的鱼经捕捞操作后因自身耗氧加重，不宜运输，影响存货。捕捞后，因存池鱼受伤、受惊而不适，应暂停或减量停喂。对于刚放养的鱼应适度延缓投喂，初次投喂也应减量，待鱼体活动正常后再加量。

减量投喂或停喂，短期内会影响鱼类生长，但从长期来看，这种影响不会太大，因为鱼类存在补偿生长的现象，即前段时间生长减缓，后期可以加速生长。

鱼体及其行为特征参数辨识主要基于其形状特征、纹理特征和颜色特征。

2. 水产品质量溯源关键技术

综合利用计算机技术、显微图像处理技术和网络通信技术，构建跨平台的水产养殖远程动态图像与传输系统，能够实现水产病害的远程诊断。

养殖环节的水产品质量追溯关键技术包括对追溯内容的确定与获取和追溯方法两方面，也即感知内容获取和追溯平台构建。其追溯主要依托传感等感知手段获取的能够反映每个对象或批次特点的并可进行封装的信息，即追溯内容，同时对这些信息的可追溯过程相关方法的描述也是追溯技术的重要部分。

追溯主要指对水产品可追溯性信息的构建，平台可以对鱼苗苗种、鱼池消毒、投饲、疾病治疗、转池等养殖信息进行记录，并在出塘时开始使用 RFID，实现水产品从养殖、加工、配送到销售的全程跟踪与追溯。也可通过 WSN 对循环养殖中水质参数（溶氧、温度、pH 值、盐度）和日常业务流程的记录，且通过对鱼病控制关键节点水质参数的监测减轻鱼病的发生，并实现管理者、工人与消费者之间对养殖环节的信息交互。还有通过对水产养殖产品从育苗、放养到收获、运输、销售流程的剖析，设计了水产养殖产品质量管理通用框架，实现了养殖用水、养殖生产、苗种管理、饲料投喂、药物使用等全流程、全方位的电子化管理，实现了水产养殖产品的全程信息追溯。

第四节　循环流水智能控制技术

一、技术内容

循环流水养殖模式是当前的高产高效、新型生态的养殖模式之一，通过在池塘内设置一定数量长方形养殖水槽，将养殖品种集中“圈养”，并综合集成增氧推水、集污、水质在线监测等先进技术，形成一套完整的、科技含量高的池塘内循环流水健康养殖系统。

循环流水养殖模式借鉴了工厂化循环流水养殖理念，将传统池塘的“开放式散养”变为“集约化圈养”，使“静水”池塘实现了“流水”养鱼。该模式是在池塘中的固定位置建设一套面积不超过养殖池塘总面积5%的养殖系统，主养鱼类全部圈养于系统内，系统外的池塘面积用于净化水质，以供主养鱼类所需。养殖系统前端的推水装置可产生由前向后的水流，结合池塘中间建设的两端开放式隔水导流墙，使整个池塘的水体流动起来，达到流水养殖的效果。主养鱼类产生的残饵、粪便随着系统内水体流动，通过废弃物收集装置，将残饵粪便从系统中移出，转移至池塘之外的沉淀池并循环利用。此外，池塘其他区域用于套养滤食性鱼类（鲢鱼、鳙鱼、匙吻鲟等），达到增产和净化水质的目的。

二、装备配套

1. 结构组成

循环水养殖系统（recirculating aquaculture system，RAS）必须依托传感技术等采集控制信息形成反馈系统，从而达到对养殖环境等进行调控和科学管理的目的，同时无线通信与手机通信在养殖环境控制方面的应用也使其控制策略与控制过程得到优化。

受控式集装箱养殖模式是通过对集装箱进行改造，在其内部安装水质测控、视频监控、物理过滤、生化处理、恒温供氧等装置，对鱼类养殖全程实行精准监测、调控与管理，实现控水、控温、控苗、控料、控菌和控藻的养殖效果。集装箱养殖系统具体可分为2种。① 陆基推水养殖系统。是以水边陆地为依托，采用集装箱系统对鱼类进行集中饲养管理，此过程中产生的养殖污水预先经过过滤分离，再利用池塘水体的自我净化能力，实现有害物质降解。然后将池塘水抽回集装箱体内，完成循环再利用。陆基推水系统通常以池塘水体、湖泊水体为基础，在水体附近配套建设适当数量、容量的集装箱系统，构成开放水面和集装箱封闭空间共存的局面。② 一拖二养殖系统。是指由1个处理箱和2个养殖箱所组成的养殖系统，处理箱位于2个养殖箱中间，三位一体实现全封闭式循环水养殖。处理箱包含物理过滤、生物净化、臭氧杀菌等系统组件。养殖污水首先通过物理过滤设备，对水中的粪便、残饵等杂质进行过滤，然后经过微生物净化，对溶于水中的有害物质进行生物分解，最后经过杀菌后进入养殖箱体，实现养殖水体的循环再利用，养殖全程可以实现污水零排放。

2. 工作原理

对养殖环境参数的调控主要采用控制思想对单一参数（溶解氧含量、pH值、温度、水位等）逐个进行调整控制，在对养殖水体系统的整体调控上体现不明显。如果以RAS中的浊度、温度、溶解氧含量、投喂量、硝酸盐含量、阀门开启比例作为模糊集，采用基于IF/THEN条件规则的ARAS（Automated recirculation aquaculture system）模糊控制器决定需要进行处理的水量，并对蒸发和沉积物中损失的水分进行补充，基于系统观点并应用现代控制技术对整个养殖系统的调控能够提高水产养殖系统的效益并提升资源的利用率。

三、操作规范

1. 规范化操作

由于池塘循环流水养鱼技术含量高，目前刚刚在重庆开展了小范围的试验，还未在全市进行大面积推广应用，如何将该养殖技术应用于产业化经营，避免失误，控制风险，使经济效益最大化，需要规范化的技术操作，同时要求水产养殖企业在实践中不断总结和提高，探索出适合本地的最优的操作办法和养殖模式。

2. 选择合适的地理位置和养殖场

池塘循环流水养鱼配套工程的修建，首先，要有一定规模的池塘，一般要选择水深不低于2m，面积不少于20亩，这样有利于降低成本；其次，要注意选择适宜的地理位置和水源等基本条件；最后，因为是集约化养殖，最好是有较强的技术力量和雄厚的资金实力做支撑。

3. 日常管理

池塘循环流水集约化的高产养殖，必须实行精细化的全天候24h的监控和管理；不得停电和缺氧，须自备发电机和准备多个氧气罐，可以采用活鱼运输车辆一样的应急装置；同时适时对水质指标进行检测，提前做好水质调节和补水换水工作；与此同时做好防洪防盗、水体定期消毒和鱼病防治工作。

第五节　水产精准饲喂机械化技术

一、技术内容

投饲是水产养殖过程中必不可少的环节，也是消耗人力最重要的因素之一。

近年来我国水产养殖业有了很大的发展，而池塘养殖的产量占中国水产养殖产量的80%。饲料是水产养殖生产中的重要投入，饲料投喂技术是否合理，是影响池塘养殖效果和环境生态效益的一个最重要的因素。而国内池塘养殖生产中投喂技术粗糙、随意性大，常常造成饲料的浪费，残余饲料恶化养殖环境，增加了病害发生机会，进而造成用药量增加，不但养殖成本增加，效益下降，而且对生态环境产生了极为不良的影响，甚至对人类的健康带来严重的威胁。因此要开展健康养殖，保持水产养殖的可持续发展，饲料投喂技术非常关键。国内已开发研究了螺旋输送式投饵机、室内工厂化养殖自动投饵装置、池塘自动投饵船等，使用较多的是单片机控制的小型自动投饵机。国外也已成功开发并使用了系列化的池塘自动投饲系统。

二、装备配套

1. 结构组成

自动投饵系统在结构上主要由自动上料输送系统、下料抛撒系统和集中控制系统3部分组成（图2-13）。

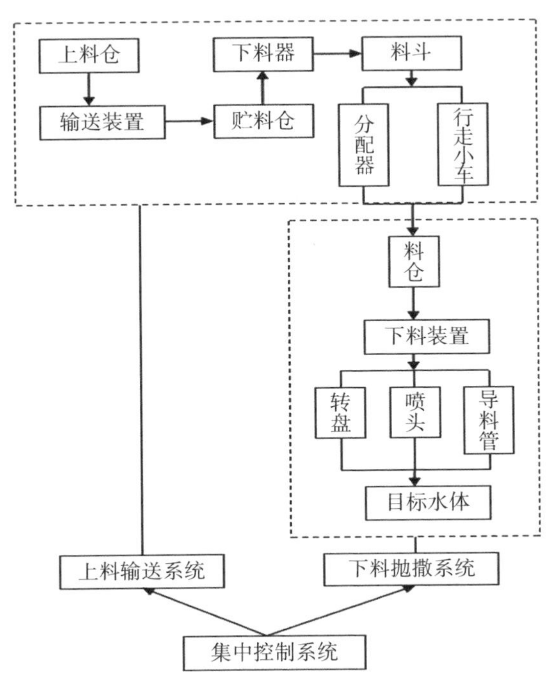

图2-13 自动投饵系统结构原理

自动上料输送系统通过不同的上料输送方式将饵料输送到不同距离的养殖水面；下料抛撒系统控制下料时间、下料量和抛撒角度；集中控制系统是整个投饵设备的核心，控制前两个系统的正常运行，实现整个投饵系统的大面积定点、定时、定量的精准投喂。

2. 工作原理

（1）上料系统。分为气力输送和轨道式输送两种。

气力输送是目前国内外大型中央投饵系统普遍采用的一种输送方式，主要采用低压压送式。国内已研制了输送距离最大达 600m、抛投距离不小于 7m、投饵量达 1 050kg/h 的投饵系统；国外如挪威 AKVA 公司研制的 CCS 系列自动投饵系统，其输送管道直径 32~110mm，输送距离 300~1 400m，最大投饵量 11 520kg/h。在结构上，系统通过分配器实现连接不同投放位置的输送管道之间的切换。根据控制指令，分配器滑动头 360° 旋转到指定出料口位置，风机产生的空气流将饲料输送到管道末端抛料口，并通过抛散机构将饲料均匀抛撒到养殖水面。这种输送方式已在深水网箱养殖、工厂化循环水养殖和标准化池塘养殖生产中被广泛应用。

工作原理：将饲料由上料器输送到储料箱，经下料器分配饲料，通过管道由气力输送到不同的养殖池塘，所有池塘投喂都可以自动化集中投饲。起动电机带动罗茨风机工作，风机使管道中形成高速低压空气流，料箱中盛放饲料，通过旋转下料器向管道中添加饲料，饲料颗粒在高速气流驱动下沿指定管道向不同目标养殖水域输送，在管道末端由撒料盘将饲料均匀抛洒到养殖水面。管道可连接到不同水面，从而实现一个投饲系统对多目标养殖水域进行投饲的目的。控制系统控制整个装置的供料、输送和抛料，根据需要实现启动和停止（图 2-14）。

采用气力投饲的方式，结构简单，安装方便，承载量大，省时省力，可以对多个高密度养殖水池同时进行投饲，具有稳定、可靠、利用率高等特点；投饲系统通过弧形圆盘的形式进行抛料，撞击小，从而降低饲料破碎率，污染也小，符合绿色环保的理念；系统结合 PLC 和变频器进行控制，采用集中供料的方式，可以现场或远程控制方式分别向多个池塘定时、定量投饲，基本实现了投饲自动化，解决了大面积投饲浪费人力的问题。该系统也可用于网箱等高密度养殖，对提高水产养殖的自动化水平有作用。

轨道式输送是在室内养殖池上方架设行走轨道，投饵装置沿着空间轨道行走，并可编程控制设置多个投放点，投饵机行走到指定位置即停止，对位于轨

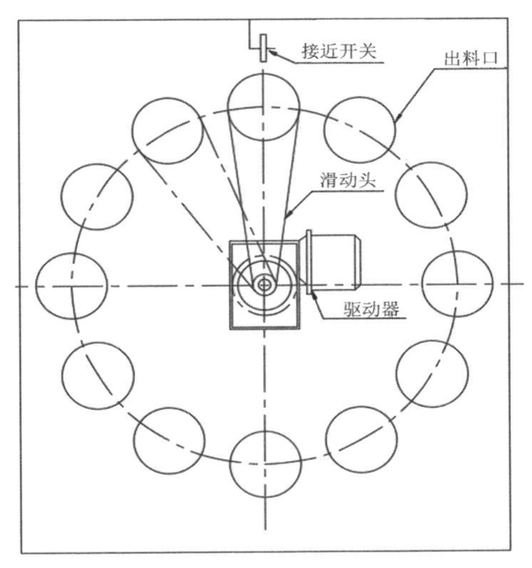

气力投饵分配器

基于气力输送的自动投饲机由供料（料箱）、输送（输料管、撒料盘）、下料（螺旋下料器、分配器）和控制（罗茨风机、电磁阀）4部分构成

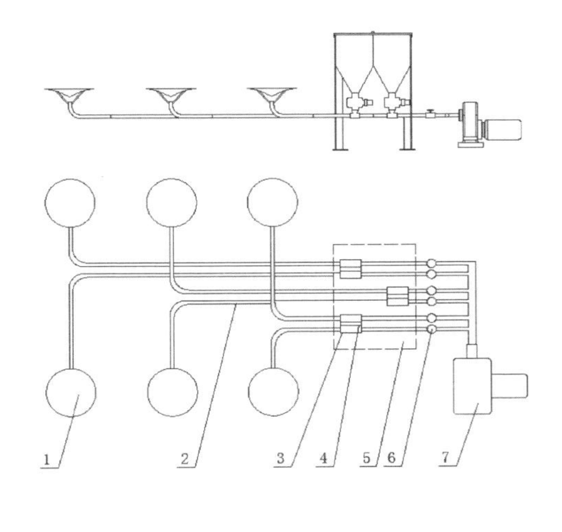

气力投饲装置结构示意

1. 撒料盘；2. 输料管；3. 螺旋下料器；4. 分配器；5. 料箱；6. 电磁阀；7. 罗茨风机

图 2-14　气力投饵结构

道下方的目标养殖池进行饵料投喂。轨道式输送主要应用在鱼、虾、蟹等水产品的室内养殖自动投喂。芬兰 Arvo-Tec 公司研制的轨道式机器人运行速度达 18m/min，可投喂 240 个养殖池，运行距离达 450 m，日投喂量高于 2 000kg。挪威 AKVA 集团公司的 Akvasmatccs 自动投饵系统，包括各种投饵机、环境传感器、多普勒颗粒传感器、各种水下、水面摄像机。自动投饵系统可以同时实现对 40 个网箱进行远程投饵，最大喂料量 11 520kg/h，最大输送距离达 1 400m。

行走系统是轨道式输送系统的核心部分，主要由轨道、行走滑车和定位装置组成。因在强度上有较大优势，工字钢是目前应用最多的轨道型式。行走滑车一般由电机、齿轮减速传动装置和小车轮组成，负责将投饵机输送到指定投喂点。其输送原理是：控制系统启动行走系统开始移动，识别到安装于投饵位置的定位传感器发出的信号就停止运动，投饵机同步开启下料口进行投喂，投喂完毕后下料口关闭，重新启动行走系统移动至下个投饲点。常用的定位装置有光电感应器、超声波感应器、射频识别技术和限位开关等，其定位精度小于 50mm。

对于远距离、大面积的饲料输送，一般将上料输送系统的上料与输送装置分开设计，饵料不足时，控制系统发指令开启上料机给储料仓自动上料。皮带输送机、斗式提升机、链式输送机、螺旋输送机、气力输送机等都可作为自动上料装置。其中，螺旋输送和气力输送是水产养殖上料系统中应用最多的两种上料方式：螺旋输送是利用螺旋在固定料槽里推移物料，具有密封性好、成本低、结构简单的优点，但磨损大，适用无黏性的干粉和小颗粒物料、黏性且易缠绕物料；气力输送是利用气流能量输送物料，具有输送量大、结构简单的优点，但易堵料，适用于粉粒状、纤维状和颗粒状物料。

（2）自动下料抛撒系统。自动下料抛撒系统主要由料仓、下料装置和驱动装置 3 部分组成，当要求实现养殖池水面均匀投料时，则还需要在下料末端设计单独的抛散装置。

下料装置常用的下料方式有电磁铁下拉式、振动式、皮带输送式、抽屉定量式、转盘定量式和螺旋输送式。自动下料系统的下料时间、间隔与下料量均可控，以满足现代水产养殖精确投饵需求。例如，国内已研制出微型定量、全自动绞笼强制排料、无传动振动式等精确投喂装置，适应料斗意外进水、精确定量小水体、筛选下料量等状况，实现饵料不堵不卡，自动下料（表 2–2）。

表 2–2　不同下料方式的结构组成及优缺点

下料方式	结构组成	优　点	缺　点
抽屉定量式	滑槽底座、定量滑板、丝杠螺母、丝杠、电机、联轴器	安装容易、不受环境限制、微型定量、噪音低	投喂量小
电磁铁下拉式	电磁铁、下料门、下料口大小调节板	结构简单、成本低、易维修	振动大、线圈易磨损漏电
振动式	振动电机、滑杆、下料仓	振动平稳、下料均匀、不堵料	成本高、难维修
皮带输送式	机架托辊、输送带、滚筒、张紧装置、传动装置	输送量大、平稳、结构简单	难维修
转盘定量式	旋转盘、搅拌机、定量孔	出料稳定、易于使用和清理	加工精密，成本较高
螺旋输送式	电机、螺旋叶、螺旋轴	结构简单、密封性好、工作可靠、成本低	螺旋易磨损、物料易破损

对于下料末端的抛散装置，最为常见的是自由下落式、风力输送式和机械离

心抛撒式 3 种。离心抛撒式因结构简单且可实现 360° 旋转无死角投喂而应用广泛，但机械离心式抛撒均匀性普遍较差，有明显偏向一边的现象（表 2–3）。

表 2–3　不同抛撒方式的特点

抛撒方式	特　点
自由下落式	饲料靠重力落入抛料管并随之运动抛撒出去。一般由抛料室、步进电机、撒料导管组成
风力输送式	饵料通过空气流进入管道，利用气流喷洒出来的反作用力带动喷头做 360° 转动，将饵料均匀抛撒。一般由出料管道、喷头、调节法兰组成
离心抛撒式	电机带动转盘，饲料从下料口落到旋转盘上，靠离心力抛撒饲料。一般由电机、转盘组成

（3）工厂化养殖自动投饲机。在鱼池上方架设跑道式“H”形钢轨道，导轨的长度和形状可根据现场鱼池的分布做出相应的调整，在每个鱼池的正上方设置相应的定位识别点。该样机使用反射面为 80mm × 150mm 的鱼池定位识别板实现系统定位，投饲装置沿轨道行走到识别点后，安装在投饲装置上的超声波传感器能检测到它到导轨的距离发生变化，便反馈到触摸屏使其发出指令，停止行走滑车的行走电机。投饲装置停止在鱼池上方，接收投饲指令后开始投饲，投饲快完成时，触摸屏发出指令给下料口的步进电机，使其转动下料口挡板关闭下料口，此鱼池投饲完成，行走滑车的行走电机继续启动去完成程序指定的其他投饲点。当所有的指定投饲点全部完成时，投饲装置自动回到初始点等待下一次投饲时刻的到来。

该投饲系统能一次完成一个车间里多达几十个鱼池或其中任意鱼池的定时、定量精确投饲，自动检测、自动运行和自动记录，提高了机械化和自动化水平，降低了劳动强度，节省了劳动力成本支出。

工厂化水产养殖投饲机器人系统主要由行走系统、投饲装置、电力系统和控制系统等组成。

（4）网箱养殖投饲机。网箱养殖投饲机在工作时，动力由作业船上柴油机经由皮带、手动离合器传送给罗茨风机，作业船上 24V 电瓶为饲料输送装置和投饲速率控制装置供电，饲料由料斗经过饲料输送装置进入输送管道，在罗茨风机的风力作用下投放到网箱中。通过改变柴油机转速可改变投饲距离，出饲方向调节装置可调节投饲方向。

网箱养殖投饲机主要由机架、罗茨风机、手动离合器、饲料输送装置、输送管道、出饲方向调节装置和投饲速率控制装置等组成，可直接固定于小型作业船船板上。其总体外形尺寸2.5m×1.0m×1.8m，重400kg，配套动力30kW（由作业船上柴油机提供）。投饲可调距离为4.5~18.2m，适用于面积≤600m^{2}的大型养殖网箱，投饲效率0.84~1.2t/h。

（5）集中式投饵装备。近年来，随着养殖技术的日益进步，国外的养殖规模日趋大型化，集中式投饵技术和投饵装备得到了较好的开发和应用。Akvasmart自动投饵系统的研发和使用在很大程度上降低了投饵时劳动力的需求量，提高了饵料利用率，使复杂的水产养殖控制过程变得非常简单。为了满足深水网箱养殖大容量投饵的需要，美国EI公司研发生产了FEEDMASTER自动投饵系统，在世界上许多深水网箱养殖国家得到了较好的应用。该系统拥有复杂的设计工艺，最大限度地降低了饵料颗粒的破损率，该系统由一个或者多个大型料仓、风机、分配器、基于PLC的控制系统和PC人—机界面软件等组成，平均投饵能力达到了100kg/min，最高可达250kg/min，每套FEEDMASTER自动投饵系统可为多达60个网箱供料。加拿大FeedingSystem公司针对不同的养殖模式研发的自动投饵系统，可应用于大网箱、陆基养殖工厂和鱼苗孵化场3种养殖环境，为了提高养殖过程操控的便捷性，公司为各种不同的养殖对象分别开发出了不同的投饵控制软件，自动投饵机和专用软件的配合使用在很大程度上提高了饵料的利用率。意大利TeehnoSEA公司为了解决普通投饵装备在恶劣天气和海况下正常投饵的难题，于20世纪90年代末研发出了一种沉式智能投饵机Subfeeder-20，能将不同类型、品质、大小的饵料颗粒投入水中供水产品摄食，该智能投饵机采用自动沉浮设计工艺，实现了全天候的自动投饵。

（6）高精度投饵装备。为了提高小型养殖场或网箱投饵过程精确度和稳定性，国外开发了高精度的投饵技术，研制成功能进行自动投饵的投饵机器人，追求高精度投饵。芬兰的Arvo-tec公司研发了适用于拥有30个以上养殖池的养殖场机器人投饵系统，实现了高精度陆基池塘养殖投饵模式。该系统由几个小型的漏斗形投饵机器人组成，通过在池与池之间设置不同的投饵程序，使投饵机器人沿着安装在养殖池上方的轨道在各个养殖池之间进行移动投饵，实现了无人操作的自动投饵过程。对投饵机器人系统加装各种水质监测传感器装置后，还可以实现对养殖水环境进行监测，采集到的数据自动传输到中央控制系统，控制系统分析后自动对投饵程序做出一定的修正，实现了投饵过程的高精度。日本NITTOSEIKO公司针对深水网箱养殖开发了自动投饲系统，该系统也采用小料仓投喂的形式，将小料仓悬挂在每个深水网箱上方，通过操作控制面板和中央计算机，实现了多个小料仓进行集成控制，还可以通过手机来实现随时随地远程控制。

（7）水产自动投饵机器人。水产自动投饵机器人可以根据养殖工艺要求把饵料运送至特定的养殖池边，按特定的抛撒半径、抛撒扇面角度进行投饵操作；还可进行定量投饵和灯光诱食等操作。因投饵机器人要在养殖区、饵料库等区域自动行走和工作，自动投饵机器人必须具备自动行走定位、无线指令收发和自行充电等功能。

自动投饵机器人的生产（运行）系统由智能养殖控制室、中央饵料库、充电站、光学或磁控导航线、自动投饵机器人等组成（图 2–15）。

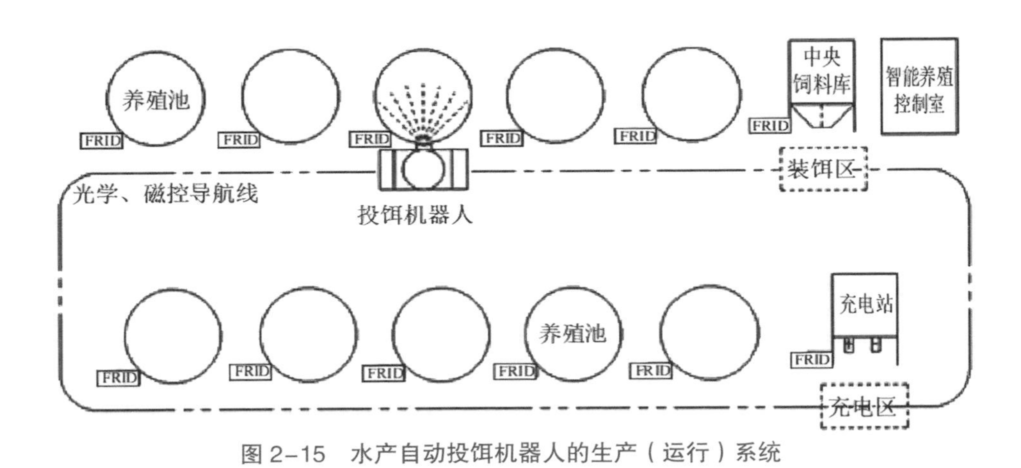

图 2–15　水产自动投饵机器人的生产（运行）系统

（8）智能化水下摄食监控装备。智能化水下摄食监控装备是国外用来监测和控制饵料摄食情况的主要工具。为了提取养殖水域底部的残留饵料，提高饵料利用率，气力提升技术被应用在海水养殖投饵过程中。气力提升泵是运用气力提升技术的输送设备，在投饵过程中主要用于提取残余饵料，使用操作者可以根据被提取的残余饵料量来决定是否停止投饵。此外，对简单的气力提升泵加装能够自动计算和收集残余饵料装置后，能够实现当残余饵料量达到计算机设定的数值时自动停止投饵，低于设定值时又开始投饵。这样便使得由人工控制的简单的气力提升泵变为能自主控制投饵量的自动化气力提升系统。

为了能清晰地在水下观察饵料被摄食的情况，水下摄像技术被应用在投饵过

程中，水下摄像机是水下摄像技术的集成装备。水下摄像机结合计算机视频分析软件、气力提升系统能够在线监测和控制大型的网箱、养殖场内水产品摄食饵料的过程，做到自动判断残余饵料量并自动控制投饵机，还可以为养殖户提供数据资料辅助养殖事业。全球应用较为广泛的水下摄像机是 AKVA 公司的 smarteye 360Twin 水下云摄像机，该设备是一种先进的观测水产品进食饵料情况的双色水下摄像机，可以在养殖水箱、投饵船、投饵机上使用。它是由上下两个高分辨率的摄像头组成，可以拍摄清晰的单色和彩色水下视频图像，单色摄像机通常下降到养殖箱的底部拍摄，彩色摄像机在顶部拍摄，两相机可使用一个操纵杆同步做 360° 垂直运动。smarteye 360Twin 可以内置深度和温度传感器并通过无线视频发射器连接基地，可以全天候 360° 监察水产品的摄食情况。

随着信息技术的发展，传感器技术被广泛地应用在海水养殖过程中。目前，国外大型的养殖场除了使用气力提升系统和水下摄像机监控水产品进食饵料情况，也开始研发红外传感器和水底声波传感器来监控。红外传感系统的基本工作原理是将红外传感器安装在养殖水箱或池塘的底部来测量饵料收集装置中的残余饵料量。当被探测到的残余饵料量与总的投饵量的比值达到计算机设定的数值时，投饵装置将会停止投饵。这样在投饵的过程中能及时地监测水产品对饵料的进食情况，在水产品进食完成后及时停止投饵，大幅提升了饵料的利用率，节省了饵料成本。声波传感系统的基本工作原理将声波传感器安装在养殖水箱或池塘的底部，声波探测水产品的活动轨迹和饵料残留轨迹并传输到计算机控制系统生成清晰的影像图片，饵料投喂者可以通过饵料残余量影像图片和被监视养殖对象的活动迹象影像图片来判断决定是否停止投饵。FeedingSystems 公司生产的一款用于网箱养殖 The Peney 产品，可以通过声波传感器监测到的水产品活动迹象来决定是否停止投饵。具体来说，由于水产品位置的改变与水产品自身食欲息息相关。当水产品处于空腹状态时，食欲较强的将会浮到水面上去食用饵料；当水产品处于饱腹状态时，食欲较差的将会下沉到网箱的中部或底部。如果投饵的过程中养殖者通过水产品活动迹象影像图发现水产品群落的集聚趋势由水面向网箱底部改变时，此时说明水产品由空腹状态转为饱腹状态，养殖者可以停止投饵了。

（9）自动投喂决策系统。池塘养殖品种的生长数字模型结合传感器测量的环境变化情况，确定投喂时间和投喂量，形成自动投饵策划。投喂决策系统模块是该系统的核心功能，系统实现了水质监控、生长模型和投饵系统的融合，实现精准投喂和集中控制投喂。投饵策划原理是由鱼的当前体质量和鱼生长需求确定最大投饵量，环境因素满足投饵条件时与自动投饵系统通信，控制其投饵。在18~28℃的情况下鱼类摄食所需要的ρ（DO）一般要求3 mg/L以上，从养殖生产的安全性、经济性角度考虑，以水体DO为指标的淡水鱼类养殖投饵控制应为水体ρ（DO）<2mg/L时投饵机停止运行；ρ（DO）在2~5 mg/L时投饵机变频运行；ρ（DO）>5mg/L时投饵机正常工作。池塘水质pH值合理范围为7.4~8.3，当超出范围时系统启动抽水机进行水质调节。

第三章 饲（草）料生产（种植）机械化技术

第一节　牧草播种机械化技术

一、技术内容

牧草播种机械技术是一种将牧草种子均匀撒布在播种地块上的机械装备。该设备也可撒播粉状或粒状肥料、石灰及其他物料。撒播装置也可安装在农用飞机上使用。

二、装备配套

1. 结构组成

牧草播种机由机架、牵引机构、播种机、开沟器等组成。机架是播种机的骨架，用来支撑和安装所有的部件，使机器成为一个主体；牵引机构的作用是连接播种机和拖拉机。一般采用三点式连接，即一个上连接点和两个下连接点，分别与拖拉机后面的三个拉杆相连，利用拖拉机带动播种机工作。

2. 工作原理

牧草播种机多为牵引式播种机，须由配套拖拉机提供动力源，在拖拉机的牵引下，完成播种作业，播种量、播种均匀性由播种机构控制，可根据生产需要自行调节。

3. 机具分类

牧草播种机械分类见图 3-1 所示。

牧草播种机

复式牧草播种机

图 3–1　牧草播种机械

三、操作规范

（1）使用前检查排种部件有无缺损，排种盒内有无异物，并给需注油部件注油。

（2）春播前应备足易损部件，以免耽误播种，贻误农时。种子必须干燥干净，不要夹杂秸秆和石块等杂物，以免堵塞排种口，影响播种质量。精量播种时，种子应严格挑选，否则会影响播种质量。

（3）做好单口流量试验，确保播种量准确。

（4）做好播种各项准备。在播种时要把握好播种、转弯、作业等事项，播种机械在作业时要尽量避免停车，必须停车时，为了防止“断条”现象，应将播种机升起，后退一段距离，再进行播种。下降播种机时，要使拖拉机在缓慢行进中进行。

（5）开始作业时，液压控制手柄应置于浮动位置。

（6）作业中注意安全，防止发生安全事故。

（7）作业中需检修机具和清理杂物应在机组停车放稳的情况下进行。

（8）停车进行调整时，应切断机器动力。

（9）机器在作业状态中，不准倒退或转弯。

（10）机组转弯之前或长距离运输时，应将播种机升起，切断排种器动力。

（11）机手在作业中应随时观察播种机作业状况，特别要注意排种器是否排种，输种管有无堵塞，种箱中是否有足够的种子。播种拌有农药的种子时，播种人员要戴好手套、口罩、风镜等防护工具。剩余种子要及时妥善处理，不得随处乱倒或乱丢，以免污染环境和对人畜造成为害。

（12）使用后把播种机清洗干净，给链条等部件涂抹黄油防止生锈。

四、质量标准

依据 NY/T1143–2006 播种机质量评价技术规范（表 3–1）。

表 3–1 牧草播种机械质量指标

序号	项目	指标		
		种子粒距≤ 10cm	种子粒距> 10cm–20cm	种子粒距> 20cm–30cm
1	粒距合格指数，%	≥ 60	≥ 75	≥ 80
2	重播指数，%	≤ 30	≤ 20	≤ 15
3	漏播指数，%	≤ 15	≤ 10	≤ 8
4	合格粒距变异指数，%	≤ 40	≤ 35	≤ 30
5	种子破损率，% 机械式	≤ 1.5		
6	种子破损率，% 气力式	≤ 0.5		
7	播种深度合格率，%	≥ 80		
8	各行排肥量一致性变异指数，%	≤ 13		
9	总排肥量稳定性变异指数，%	≤ 7.8		
10	注 1：试验用播种机的理论粒距推荐采用粒距区段的中值，即 5cm，15cm，25cm 进行测定			
11	注 2：作业速度按使用说明书的规定，如果为速度范围应取中值			
12	注 3：以当地农艺要求播种深度值为 h，h ≥ 3cm 时，（h ± 1）cm 为合格，h < 3cm 时，（h+0.5）cm 为合格			
13	注 4：颗粒状化肥含水率≤ 12%，小结晶粉末化肥含水率≤ 2%，排肥量为 150~180kg/hm^2			

第二节　割草机械化技术

一、技术内容

割草机主要应用在园林装饰修剪、草地绿化修剪、城市街道、绿化景点、田园修剪、田地除草，特别是公园内的草地和草原，足球场等其他用草场地，私人别墅花园，以及农林畜牧场地植被等方面的修整，还可用在秋收之时。不过，割草机在乡村田边、地头、山地割草时具有一定的局限性，主要原因在于地势不平、供电方式和割草机的重量便携性等问题。现今常用的割草机为汽油割草机，又名汽油锯。用途广泛，主要用于公园草地、绿化带、工厂草地、高尔夫球场、家里花园、草地、果园等场所的草坪修剪和美化。

二、装备配套

1. 结构组成

割草机主要由切割器、传动机构、起落机构、倾斜调整机构、牵引转向装置、机架等部分构成。其主要工作部件为切割器，由运动割刀组件、护刃器梁组件、挡草板组件和内外滑掌等组成。运动割刀组件包括刀杆、铆在刀杆的刀片和清除片以及刀头等。护刃器梁组件包括护刃器梁、护刃器、压刃器、摩擦片和摩擦片调节垫片等。

2. 工作原理

以市场应用较多的往复式割草机为例，介绍割草机的工作原理。往复式割草机都是按剪切原理切割牧草的。一般的往复式割草机由动刀片和护刃器上的定刀片组成切割副，定刀片起切割支撑作用，在动刀片平行往复运动时，牧草被割断。无护刃器割草机由上下同时相反运动的刀片组成切割副，在上下刀片刀刃口的合拢过程中牧草被切断。

3. 机具分类

割草机的种类见图 3–2 所示。

牵引式割草机

悬挂式割草机

乘坐式割草机

手扶式割草机

图 3–2　各式割草机

三、操作规范

（1）操作人员应穿着长袖上衣及长裤，戴安全帽，护目镜，最好戴上耳罩避免噪声，穿质地不易滑的鞋，禁止穿着宽松衣物、穿拖鞋或光脚使用机器。

（2）禁止操作人员在酷热或严寒的气候下长时间操作。

（3）不允许醉酒，感冒或生病的人，小孩和不熟悉割草机正确操作方法的人操作割草机。

（4）在引擎停止运转并冷却后再加油。

（5）加油时避免油过满溢出，若溢出需擦拭干净。

（6）机器最少远离物体 1m 才可以启动。

（7）必须在通风良好的户外使用该机器。

（8）每次使用前必须检查刀片是否锋利或磨损，离合器螺丝是否锁紧。

（9）由于有的机器马达声音较大，应避免在休息时间使用影响附近人员休息。

（10）如机器操作中异常振动必须立即停止引擎暂停使用。

（11）传递动力的齿轮、皮带、皮带轮、链轮、链条应有防护部件或具有同等效果的防护装置。对于外露的动力输出轴、万向轴应完全防护。

（12）割草机的切割器在运输过程中或停放时应装上防护罩。

（13）所有防护装置应固定牢靠。

（14）防护装置应便于拆装，且不妨碍机具的调整、清理及维护工作。

（15）经常拆装的防护装置，机具上应设存放位置。

（16）机具停止作业时，应能立即切断驱动切割器的动力。

（17）机具应设过载防护装置或保护机具不被破坏的安全装置。

（18）在运输状态时，切割器应提起并固定牢靠。

（19）拖拉机动力输出轴驱动的机具，应设万向节传动轴的支撑装置。

（20）非永久装在机具上的配重应固定牢靠部位。

（21）挂接装置应保证挂接方便，安全可靠。

（22）机具应设有支撑装置，保证机具卸下时停放稳定。

（23）旋转和传动等危险部位，应有鲜明的指示标志和旋转方向的指示标志。

（24）注油嘴周围应涂与整机不同的颜色。

（25）割草机上各操纵手柄之间或手柄与相邻部件之间，根据操纵手柄受力大小应留有安全距离，其数值不得小于 100mm。操纵手柄及其相邻部件应光滑，不得有锐棱、毛刺。

（26）踏板及操纵手柄的限位、定位装置，当操纵力超过规定时仍应安全可靠。

四、质量标准

依据 GB/T 10938–2008 旋转割草机见表 3–2 所示。

表 3–2　旋转割草机质量指标

序号	项　　目	质量指标要求
1	收割损失率，%	天然牧草收割作业≤ 4.0 一年生牧草收割作业≤ 3.0 多年生牧草收割作业≤ 3.0
2	重割率，%	≤ 3.5
3	超茬损失率，%	≤ 0.5
4	漏割损失率，%	≤ 0.25
5	割茬高度，mm	天然牧草收割作业 95 ± 20 一年生牧草收割作业 70 ± 10 多年生牧草收割作业 65 ± 10
6	割茬高度合格率，%	≥ 90

第三节　搂草机械化技术

一、技术内容

搂草机是将散铺于地面上的牧草搂集成草条的牧草收获机械。搂草的目的是使牧草充分干燥，并便于干草的收集。

（1）搂集要干净，牧草损失少。

（2）搂集起来的草条应清洁，并且草条中的陈腐草和泥土等杂物要少。

（3）搂集起来的草条应连续、均匀、蓬松，干燥

（4）搂草机对牧草的作用强度要尽可能的小。

二、装备配套

1. 结构组成

横向搂草机由机架、座位、操纵手杆、行走轮、升降机构和搂草机构组成，

升降机构分左右两组，分别装在机架两侧，由操纵手杆控制中间轴可使两组一起动作。侧向滚筒搂草机由机架、升降机构、传动机构、搂草滚筒和搂草弹齿组成。搂草滚筒由弹齿杆、主动辐盘、偏心辐条、曲柄组成，滚筒一侧设有弹齿运动定向机构，以保证弹齿在搂草时与地面保持一定角度。指盘式侧向搂草机由主机架、悬挂架、指盘、调整弹簧组成。水平旋转搂草机由机架、传动机构、挡屏、搂耙、支撑轮等组成。

2. 工作原理

搂草机将割草机割下的牧草搂集成草条，以便于集堆、集垛或捡拾压捆。由拖拉机牵引提供动力作业，横向搂草机搂集的草条与机器前进方向相垂直，在前进时由割草机割下的草进入搂草器弹齿，沿着曲面上升，脱离上升极限高度后回转成卷，形成草条。侧向搂草机搂集成的草条与机器前进方向平行，与横向搂草机相比，所搂草条较为疏松、通风性好，便于干燥。指盘式侧向搂草机用于将割后草铺搂集成条，也可翻转草铺或草条，以加速牧草的晾晒达到快速干燥的作用，该搂草机对牧草的移动距离短，损失较低，不依靠拖拉机动力装置，由工作阻力驱动指盘旋转。水平旋转搂草机工作时，由拖拉机一面牵引机器前进，一面驱动搂耙做逆时针方向旋转。当搂耙运动到机器右侧和前面，搂齿垂直并接近地面，进行搂草。

3. 机具分类

搂草机分为横向搂草机、侧向滚筒搂草机、指盘式侧向搂草机和水平旋转搂草机，见图 3-3 所示。

牵引式搂草机

悬挂式搂草机

图 3-3　搂草机

三、操作规范

（1）机器行走时，应放下搂草器，使之处于工作状态。

（2）作业前操纵者应了解和熟悉地形，以免突然颠簸而影响安全和操作。

（3）与拖拉机连接后，应将支承架置于水平位置作业中禁止站在拖拉机与搂草机连接处。

（4）拖拉机开动前应发出讯号通知搂草机操作人员。

（5）作业中对搂草机进行较复杂修理和调整时，应将拖拉机发动机熄火或脱开连接。

（6）每次搂草机作业与拖拉机连接后，在开动前应查看控制杠杆位置，以防止拖拉机开动时，由于搂草器突然升起而引发事故。

（7）搂草器处于工作状态时，禁止倒车。

四、质量标准

依据 DG/T 042–2016 搂草机（表 3–3）。

表 3–3　搂草机质量指标

序号	项　目	质量指标要求
1	漏搂率，%	指轮式搂草机≤ 2 机引横向式、旋转式搂草机≤ 5
2	断齿率，%	≤ 39

第四节　牧草压扁机械化技术

一、技术内容

牧草压扁机械是一种用于一次完成压扁和铺条作业的机械，又称调制机。适合于农牧区对含水量≤ 20% 的牧草、小麦、稻草以及豆类、作物秸秆的压扁作业，是一种理想的牧草调质设备。

二、装备配套

1. 结构组成

压扁机主要由机架、压扁辊、压扁调制机构、护罩、传动机构等组成。压扁调制机构按牧草的作用机理不同可分为指杆式和压辊式。指杆式调制器主要作用于禾本科牧草，通过指杆的梳刷划破牧草茎秆表皮蜡质。压辊式主要用于豆科牧草，通过挤压使牧草茎秆折弯、开裂，压辊式有两种结构形式：一种是一个光棍和一个齿辊组合，主要起压扁作业；另一种是一对齿辊组合，同时具有压扁和折弯的功能。

2. 工作原理

压扁辊工作部件是由两个水平的、彼此做相对方向转动的人字形橡胶挤压辊机摆动梁组成。上压草辊安装于摆动梁上，摆动梁一端用铰链固定于机架立柱上，另一端用弹簧拉紧，弹簧拉力在 300~350N，将摆动梁拉压与焊在立柱上的定位挡块上。下压草辊采用可调滑块机构，使滑块在导轨内上下移动，根据进草量自动调节压扁输送辊的间隙。上下压草辊之间的间隙为 1~1.5mm（可调），当牧草通过此处时，草杆被碾压而向后顺利输送。

3. 具体机具

牧草压扁机械见图 3–4 所示。

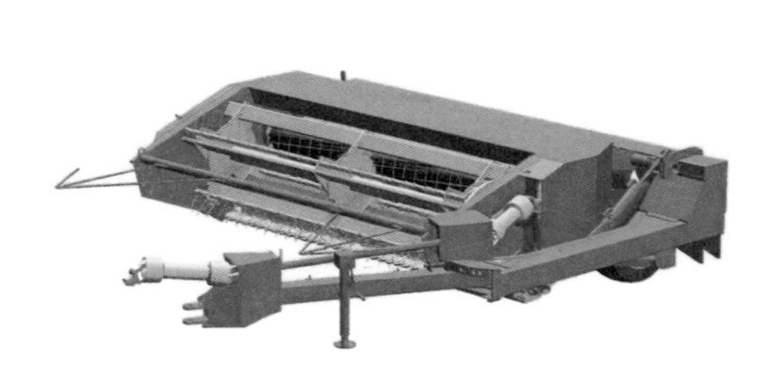

牧草压扁机

3130R 割草压扁机

图 3–4　压扁机

三、操作规范

（1）割草压扁机的动力输入轴的挂接点必须要精确定位。挂接时要保证拖拉机动力输出轴端点距牵引杆中心线的尺寸为356mm，牵引杆挂接端上平面距地面尺寸为330~508mm。如果挂接点位置不当，则可能造成万向节的实际工作长度不符合规定要求，使万向节的方轴与套管顶住或万向节搭接过短，致使万向节损坏和轴承座变形，也容易损坏拖拉机动力输出轴。

（2）割草压扁机要求拖拉机动力输出轴的转速为540r/min，一定不能配置动力输出轴转速为1 000r/min的拖拉机，否则将造成割草压扁机振动的加剧和一系列工作部件的损坏。在工作中要始终保持拖拉机动力输出轴的转速为540r/min，在地头转弯时也要一直用大油门工作，动力输出轴的转速过低，将会引起割刀堵塞及压扁辊堵塞。

（3）压扁辊的压力要适中。压辊压力过大，除增大功率消耗和加快零件磨损外还会导致叶子干燥过快。

四、质量标准

依据GB/T 21899—2008割草压扁机。

表3-4　割草压扁机质量指标

序号	项　　目	质量指标要求
1	割茬高度，mm	≤ 70
2	割茬损失率，%	≤ 0.5
3	漏割损失率，%	≤ 0.25
4	重割率，%	≤ 1.5
5	重割、拨禾、压扁损失率，%	≤ 4
6	压扁率，%	≥ 90
7	每米割幅空载功率消耗，kW/m	≤ 3.5
8	每米割幅总功率消耗，kW/m	≤ 10
9	首次无故障作业量，hm^2/m	≥ 70
10	变速箱和带轮轴承座温升，℃	≤ 25（割草压扁机空运转30min后）

第五节　圆草捆打捆机械化技术

一、技术内容

圆草捆打捆机是一种自动完成牧草、水稻、小麦和经揉搓后的玉米秸秆的捡拾、打捆和放捆作业的机械装备。具有捡拾干净、草捆密度可调、作业效率高，适用性强的特点。圆草捆打捆机还可配合割草机、割草压扁机、搂草机、包膜机作业。

二、装备配套

1. 结构组成

圆草捆打捆机是一种新型捡拾压捆机，草捆呈圆形，直径可达 2m 左右。它的结构简单，使用调节方便，草捆便于饲喂，耐雨淋，适于露天存放，捆绳用量少。它由捡拾器、输送喂入装置、卷压机构、卸草后门、传动机构和液压操纵机构所组成。

2. 工作原理

工作时由捡拾器将牧草捡起，输送喂入经过两个光辊子，牧草被压成扁平的草层进入卷压室。随着上皮带旋转，牧草靠摩擦上升到一定高度后，因重量滚落到下皮带上形成草芯，草芯继续滚卷，直径逐渐扩大，到一定尺寸后离开下皮带形成一个大圆形大草捆。位于卷压室两侧摇臂上的弹簧，用于保持皮带下表面对草捆施加一定压力。随着草捆增大，压力不断增强，随后造成草捆中心密度较低，外层密度较高。当草捆达到预定尺寸后，草捆尺寸指示器被推出，指示拖拉机手操纵液压分配器，使送绳导管在输送喂入装置前面来回摆动一次，让绳子随同牧草一起喂入卷压室，成螺旋线形缠绕在草捆表面上，然后由刀片割断绳索。之后，通过液压控制机构，升起卸草后门，草捆便自动滚落在地面上。

3. 机具分类

圆草捆打捆机按工作形式可分为长胶带式、短胶带式、辊子式等。按工作原理可分为内卷绕式和外卷绕式（图 3–5）。

小型圆草捆打捆机

大型圆草捆打捆机

9YG-1 型打捆机

F125 型打捆机

图 3-5　各式打捆机

三、操作规范

（1）打捆机在使用前，一定要进行必要的调整，其中包括：绕绳机构、捡拾器高度、捡拾器和喂入辊间隙、草捆松紧度等部位的调整，检查各零部件运转情况是否正常，若有异常，应停机检修。

（2）当打捆机液压管与拖拉机液压输出端联接后，检查液压管路是否有泄露，禁止在液压油管有压力的情况下插拔油管。

（3）打捆机在使用过程中，严禁捡拾器弹齿耙地，注意观察打捆机工作状况提示，按使用说明书规定操作，特别应注意的是：草捆达到设定要求、绕绳机构开始工作时，机组要立即停止前进，同时控制油门保持不变，让动力输出轴继续转动，进行草捆捆扎，捆扎工作完成后，打捆机开启成形室后门卸下草捆，完成草捆打捆工作。

（4）打捆机作业时遇到堵塞情况，要关闭发动机，切断动力后再清除。打捆机在卸草捆时，后面禁止站人，以免挤伤、碰伤。

（5）打捆机在维修、保养时，必须切断发动机动力输出轴。

（6）拖拉机牵引打捆机在公路上行驶，要注意行车安全，确保动力输出被切断。

（7）主机与打捆机的连接时，限位臂要连接妥当，过松起不到限位的作用，拐弯抹角，限位臂容易磨主机的后轮胎，摆动幅度过大，也容易造成自身零件的损坏，过紧，拐弯角度增大，地头转向时也容易别毁拾草耙。

（8）捆绳不入应检查绳子是否因为质量问题被缠住，例如：结头过大，毛头过大，其次检查绳子入口处（左边）麦节的密度，若密度不够高，则绳子与麦节的摩擦力不够大，这时可以让打捆机的左边多吃草，以增大绳子入口处的摩擦力，促使绳子喂入。

（9）草捆易散的调整。当麦节湿度较大，易于捡拾打捆，可调低密度孔，当麦节较干，易碎，不易捡拾喂入，应调高密度孔。还可以通过调整捆绳的圈数，来捆扎麦秸。麦秸干，增加圈数，麦秸湿，减小圈数。

（10）捆绳圈数的调整。调到大轮上，捆绳圈数较多，10 道绳；调到小轮上，圈数较少，7 道绳。

（11）入绳的长度，以绳头刚好接触到刀片为宜。

（12）保护螺丝扭断的原因。当打捆机吃满麦节后，报警器没报警，麦节就会堆堵在入口处，此时若继续行走，就会造成保护螺丝的扭断。

（13）报警口不报警的原因。电源没接好，电线断开了，卡簧手柄脱离了物柄槽。

（14）绳子该断的不断，可能因为刀片磨钝，应更换刀片。

（15）拾草的过程中动力机械的行驶速度可稍微放快，小四轮带动时以 2 档为宜。

（16）保护螺丝及刀片等易损件应随机组配备，以免耽误工时。

四、质量标准

依据 DG/T 043–2016 打（压）捆机（表 3–5）。

表 3-5　打（压）捆机质量指标

序号	项　　目	质量指标要求
1	草捆密度，kg/m^2	方草捆（豆科牧草 >150）
2		方草捆（禾本科牧草≥ 130）
3		方草捆（稻麦稻秆≥ 100）
4		方草捆（玉米秸秆≥ 100）
5		圆草捆≥ 115
6	成捆率，%	方草捆≥ 98; 圆草捆≥ 99

第六节　方草捆打捆机械化技术

一、技术内容

方草捆打捆机是一种用于割倒后田间晾晒降到一定含水率的草条进行捡拾和压捆的机械设备，也可通过更换割台对站立稻杆进行切割、捡拾和打捆。该机作业转弯半径小，适合于各种种植面积的草场进行饲草的捡拾打捆作业，具有不受地理和气候条件限制、适应性强、工作效率高、饲草损失率小、作业效果好、工作运行平稳、安全系数大、易于调整和操作维护、主要易损件耐久性强等优点，一人操作，省工省力。

二、装备配套

1. 结构组成

方草捆打捆机多为活塞式压捆机，适合于捡拾收获机留下的牧草条铺。它主要由捡拾器、输送喂入装置、压缩室、草捆密度调节装置、草捆长度控制装置、打捆机构、曲柄连杆机构、传动机构和牵引装置等组成。

2. 工作原理

作业时，由拖拉机牵引并通过动力输出轴提供动力，机组沿着牧草条铺前进，捡拾器的弹齿将牧草捡拾起来，并连续地倒向输送喂入装置。输送喂入装置在活塞回行时把牧草从侧面喂入到压缩室内。在曲柄连杆机构的作用下，活塞作往复运动，把压缩室内的牧草压成草捆。根据所要求的草捆长度，打结机构定时起作用，自动用捆绳捆绑草捆。捆好后的草捆被后面陆续成捆的草捆不断地推向压缩室出口，经过放捆板落在地面上。

3. 机具分类

方草捆打捆机如图 3–6 所示。

小型方捆打捆机

大型方捆打捆机

图 3–6　方捆打捆机

三、操作规范

（1）打捆机在使用前，一定要进行必要的调整，其中包括：绕绳机构、捡拾器高度、捡拾器和喂入辊间隙、草捆松紧度等部位的调整，检查各零部件运转情况是否正常，若有异常，应停机检修。

（2）当打捆机液压管与拖拉机液压输出端联接后，检查液压管路是否有泄露，禁止在液压油管有压力的情况下插拔油管。

（3）打捆机在使用过程中，严禁捡拾器弹齿耙地，注意观察打捆机工作状况提示，按使用说明书规定操作，草捆达到设定要求、绕绳机构开始工作时，要立即使车停止前进，同时控制油门保持不变，让动力输出轴继续转动，进行草捆捆扎，捆扎工作完成后，打捆机开启成型室后门卸下草捆，完成草捆打捆工作。

（4）打捆机作业时遇到堵塞情况，要关闭发动机，切断动力后再清除。打捆机在卸草捆时，后面禁止站人，以免挤伤、碰伤。

（5）打捆机在维修、保养时，必须切断发动机动力输出。

（6）拖拉机牵引秸秆打捆机在公路上行驶，要注意行车安全，确保动力输出被切断。

（7）牵引和悬挂机构连接应可靠。保护装置应完整无缺。配置传动轴其重叠长度不应小于总长度的1/2，锁定销要卡入轴颈凹槽内，以防脱落伤人。传动轴旋转时不允许接触。

（8）定期对机具进行检查、维护保养。检查维护时应停放在空旷、平坦的场地，并切断动力，锁定刹车或使用车辆固定设施。

（9）调整和排除故障时，应切断动力，待机器完全停止运转后方可进行。

（10）机组人员作业时，要互通信息，确认安全后方可进行作业。机组起步前，必须发出警示信号。

（11）机具处于工作状态时，不允许驾驶员离开驾驶室和作业现场，非工作人员不得靠近或操作机具。

（12）机具作业时禁止后退、转弯，在起伏不平的田间作业时应低速行驶。卸放草捆时应确认机具后方无人和障碍物时，才能开启后机架（盖）放出草捆。

（13）作业时注意不要将硬物喂入压捆室内，捡拾器上不得放置任何物品。

（14）万向节传动轴、飞轮、打捆针底座右侧应设有安全防护罩。

（15）检查捡拾器、输送喂入器、打结器的传动机构及主传动装置过载保护装置是否有效。

（16）检查打捆机构、活塞、喂入装置相互位置失调时防止活塞与打捆针相撞的安全装置是否有效。

（17）检查主传动中超越离合器是否有效。

（18）各运动零部件必须运转灵活，无碰、卡现象，各调节机构应保证调节灵活、可靠。

（19）牵引杆换位应灵活，定位销应能在弹簧作用下自动进入定位孔，并能用手方便地拔出。

四、质量标准

依据 NY/T 1631—2008 方草捆打捆机作业质量（表 3-6）。

表 3-6 方草捆打捆机质量指标

序号	项 目	质量指标要求
1	牧草总损失率，%	≤ 4
2	牧草成捆率，%	≥ 97，稻、麦秸秆成捆率 ≥ 95
3	牧草草捆密度，kg/m^3	禾本科牧草草捆密度 ≥ 130 豆科牧草草捆密度 ≥ 150 稻、秸秆草捆密度 ≥ 100
4	牧草草捆抗摔率，%	牧草草捆抗摔率 ≥ 95 稻、麦秸秆草捆抗摔率 ≥ 92
5	规则草捆率，%	≥ 95

第七节 方草捆捡拾机械化技术

一、技术内容

方草捆捡拾机械是一种方形草捆捡拾堆垛机械，由拖拉机牵引，一个驾驶员无需离开驾驶室就可以完成自动捡拾、集载、运输和堆垛等全部工序，从而代替繁重的人工捡拾、堆垛工作。

（1）对捡拾堆垛车进行全面检测、调整和保养。在使用前必须加注齿轮油。

（2）检查配套拖拉机的技术状态，操作是否灵活、可靠。配套拖拉机动力应在 50Hp 以上。

（3）调整好堆垛车的位置，正确与拖拉机悬挂连接。

（4）做好与秸秆捡拾打捆机的配套检查工作，根据打捆机打好的草捆长度，调整捡拾堆垛车装载货架间距（间距 = 草捆长度 ×3）。

（5）进行试运转，检测各运动件是否灵活可靠，各项工作是否符合要求，整机运动状态是否良好，如有不当，及时调整，达到正常工作状态。

二、装备配套

1. 结构组成

方草捆集捆机由底盘、变速箱、捡拾器、推草机构、举草机构、压绳器、打结机构、夹草器、卸草机构、框架、外罩、液压系统、电控系统等组成。捡拾器主要由架体、压杆、导向板、链条机构等零件组成，捡拾器安装在底盘的左侧，由捡拾缸驱动实现下放或上翻。推草机构主要由推杆和挡板等零件组成，推草缸驱动推杆绕上端转动，将方草捆推送至框架下方。压绳器安装在底盘下部，主要由弹簧座和压板等零件组成。卸草机构主要由上挡架、下导架和卧推杆等零件组成，倒卧上缸驱动上挡架向上翻转，倒卧下缸驱动下导架向下翻转并形成斜坡，但捆扎后的大方草捆并不能自动沿斜坡滑下，需要由倒卧推缸驱动卧推杆将大方草捆推倒并沿斜坡下滑至地面。

2. 工作原理

方草捆集捆机一般由拖拉机牵引，通过拖拉机发动机将动力传递至变速箱，而后带动液压泵、马达、油缸等元件，在电控系统的控制下，实现对小方草捆的捡拾、挤压、捆扎等作业。方草捆集捆机由拖拉机牵引行进，捡拾器向下翻转至离地面约 5cm 高度处自动停止。在行进过程中，方草捆从捡拾器开口导入，通过链条的转动运送至推草机构前方的车体上表面处。推草机构将方草捆推送至框架下方举草机构的托架表面处。当集合 2 个方草捆后，举草机构将方草捆举升至框架上方，随后夹草器将方草捆挤压并夹紧。重复前面步骤，直至将 12 个方草捆全部集中在框架内夹紧后，压绳器放线，打结器完成对方草捆的捆扎。卸草机构在倒卧油缸驱动下分别向上和向下翻转，下导架向下翻转至离地面约 5cm 高度处自动停止，捆扎后的大方草捆在倒卧推缸的推动下倾倒并沿斜坡滑至地面。对完成集捆的大方草捆，使用抱夹机或伸缩臂叉车等设备转运至堆场或运输货车处（图 3-7）。

图 3-7　方草捆捡拾机

三、操作规范

（1）操作拖拉机，缓慢将草捆对准捡拾堆垛车进料口，匀速前进，使草捆准确进入齿轮传送系统。

（2）机手注意观察草捆输送情况，当齿轮传送系统装满 3 捆后，减速缓行，确保草捆翻入装载货架后才可继续收集作业。

（3）出现草捆堵塞或翻倒等情况，及时停机处理。

（4）地头转弯时要减速，防止草捆堆翻倒，并注意留出捡拾堆垛车转弯的安全距离。

（5）如遇沟埂或道路上运输，需减速慢行，防止草捆堆翻倒。

（6）检查捡拾堆垛车时必须切断动力，待设备稳定停止后进行。

（7）工作时，禁止在设备周围行走；运输时，运载货架内禁止站人。

（8）在整个作业期间，应随时检查设备部件的所有紧固螺栓和螺母，确定其牢固和转动顺畅，有故障应立即解决。

（9）长时间不使用时，应将设备清洗干净并遮盖，以延长使用期限。

（10）液压系统及油缸等应运行灵活，液压马达及液压管路应密封良好不漏油。液压管路与运动部件应不发生摩擦。

（11）抓草钩安装应紧固可靠，无滑动。

（12）抓草钩连接杆应转动灵活，无卡滞。

（13）四连杆机构动作灵活，无卡滞、干涉现象。

（14）润滑部位应加润滑油或润滑脂。

（15）有危险的传动件和工作部件处，应有明显的安全标志。

（16）传动应安全可靠，外漏传动件应安装防护罩。

（17）集垛机机架升起时，严禁机架下站人。

（18）每台集垛机上均应有“机器工作时请勿靠近”“集垛机机架升起时，严禁机架下方站人”的危险警示事项和安全标志。

四、质量标准

依据方草捆集垛机操作规范（表 3-7）。

表 3-7　方草捆集垛机质量指标

序号	项　目	质量指标要求
1	漏捡率，%	≤ 1
2	轴承温升，℃	≤ 30
3	平均首次故障前工作时间，捆	≥ 4 000

第八节　圆草捆装卸机械化技术

一、技术内容

秸秆机械装载臂是一种拖拉机前置机械臂，安装在拖拉机的前端，可拆卸，也可根据不同作业情况更换草叉、料斗等作业配件，以实现装载、转运等功能。前置机械臂的安装使用，不影响拖拉机正常的挂接作业，还提高了拖拉机的利用率。

二、装备配套

1. 结构组成

圆草捆装运机械一般应用前置装载机改装而成，它是一种最简单的大圆草捆装载机具，可由液压推举式草垛机或其他前置装载机（举起高度 2m 以上）改装而成。通常采用双齿捆叉和钳夹式叉。

2. 工作原理

双齿捆叉的叉齿距离为草捆直径的 2/3 左右，叉齿长与草捆长度相同或略短，叉齿纵向顺草捆下面插入，举起时草捆稳定在两叉齿之间。钳夹式叉的两个叉杆的前端有齿尖（向内的叉齿），叉杆张开的距离大于草捆的长度，两叉齿对准草捆的中心，靠油缸使两叉杆向内收回，两齿尖插入草捆中心，依靠提升缸升起草捆并装到车上。钳夹式圆草捆装载机除完成装载作业外，还可用于拆捆。将草捆升起，抽去捆绳，使草捆与成捆时卷压方向相反转动，圆草捆便容易分层脱散（图 3–8）。

图 3–8　圆草捆装卸机

三、操作规范

（1）选择性能可靠的拖拉机进行机械臂的安装，要求拖拉机液压系统、传动系统工况良好。

（2）根据作业需求进行机械臂配件安装，可更换草叉、铲斗、抓斗等配件。配件更换时注意检查各紧固件，确保牢固。

（3）进行试运转，检测机械臂是否能正常作业，各液压系统是否灵活可靠，如有不当，及时调整，达到正常工作状态。

（4）检查草捆重量，确保最大装载量不超过草叉作业能力。

（5）草叉作业时，尽量插入草捆中部，使草捆重量均匀分布两叉之间。

（6）草叉插入草捆时，尽量匀速准确，避免插入土中。

（7）草捆运输时减速慢行，防止草捆掉落。

（8）卸草捆时保证草叉下倾，辅助卸料人员在草叉侧后方进行辅助卸料，严禁站在草叉前方作业。

（9）卸料时拖拉机需严格制动，使草叉稳定，卸料完成后匀速后退驶离。

（10）严禁用草叉拨弄物料。

（11）除驾驶室外，机上其他地方严禁乘人。

（12）装料时铲斗的装料角度不宜过大，以免增加装料阻力

（13）向车内卸料时必须将铲斗提升到不会触及车箱挡板的高度，严防铲斗碰车箱，严禁将铲斗从汽车驾驶室顶上越过。

（14）颠簸路段减速行驶，防止铲斗内物料掉落。

（15）工作时，正前方不许站人，行车过程中，铲斗不许载人。

（16）严禁采用高速档作业。

（17）操作人员离开驾驶位置时，必须将铲斗落地，发动机熄火，切断电源。

（18）出现问题立即停机检查，检查时确保铲斗落地。

四、质量标准

依据试验数据见表 3-8。

表 3-8　圆草捆装卸机质量指标

序号	项　　目	质量指标要求
1	作业效率，捆 /h	600
2	最低点托举重量，kg	1 200
3	最高点托举重量，kg	1 050
4	最高托举高度，m	3.3
5	相应卸载距离，mm	1 069

第九节 自走式青贮收获机械化技术

一、技术内容

自走式青贮收获机主要用于青贮玉米饲料的收获，不对行作业，一次可完成切割、输送、喂入压扁、切碎抛送等作业工序。适用于玉米、高粱、苜蓿及其他高秆作物的收割及切碎和入车作业。

（1）青贮收获时，作物全株含水率在65%~70%。

（2）地表平坦，横向坡度不大于5°。

（3）土壤含水率应不大于25%，土壤墒情以轮胎不下陷为宜。

（4）倒伏严重的地块，不宜使用机械收获。

（5）作业地块的条件基本符合机具的作业范围。

（6）作业前，应检查作业地块内有无障碍物，如电线杆、树桩、灌溉立管、水沟等，并做出明显的警示标记。

（7）检查收获机各运转部件的安装及润滑油情况，皮带链轮张紧度，液压系统油管接头不应漏油，各种防护罩应齐全、牢固。

（8）收获机功能应符合当地作业要求。

（9）按作业要求将收获机调整到工作状态。

（10）检查收获机各种仪表，水温、油温和油压应正常。

（11）空运转中检查各液压油缸和液压轮泵系统工作情况和密封情况；检查电气设备和信号装置工作状况；检查收获机刹车制动情况。熄灭发动机，检查轴承是否过热，皮带和链条的传动情况和各链条部件紧固情况。

（12）收获机驾驶员以及接取运送物料的车辆驾驶员应持有有效的驾驶证。

（13）驾驶员与机组人员应穿紧身工作服，系好衣带钮扣。

（14）驾驶员与机组人员不应在酒后、过度疲劳、睡眠不足、健康状况不好等情况下作业。

（15）收获机应配备有效的灭火器、铁锹、绝缘杆，安全标识应齐全。

（16）作业前应清理作业现场，竖立警告标识，非工作人员不应进入。

（17）收获机在起步、转弯或倒车时，应先鸣喇叭示意，仔细观察机组前后左右情况，提醒非工作人员远离收获机和作业现场。

（18）启动收获机，使发动机转速逐渐增加到额定转速方可作业。

（19）开作业道时应利于运料车接运物料和连续转向的要求。

（20）选择最佳工作档位进行作业，减少漏割及中途转向，便于后续作业。

二、装备配套

1. 结构组成

自走式青贮收获机主要由送料部分、切碎部分（切碎器和作物处理器）、抛射部分、发动机、工作装置传动系统、行走驱动系统、液压系统、电气系统、自动磨刀、自动调刀间隙、自动驾驶、集中自动润滑、数字式信息监视仪、自动报警等结构组成。

2. 工作原理

作业时直立的玉米植株被大拨禾轮拨向切割器，以利切割，并同时将割下的玉米植株拨向输送链耙及喂入搅龙，搅龙将玉米植株集中后输送给喂入装置，经喂入装置的两组卧式喂入辊压扁并喂入至切碎装置进行切碎，最后切碎的饲料经抛送筒抛送到饲料运输车上。

3. 机具分类

青贮收获机械按切割喂入方式可分为往复切割拨禾轮喂入式和圆盘切割转轮喂入式（图 3–9）。

往复切割式青贮收获机

圆盘切割式青贮收获机

图 3–9 青贮收获机

三、操作规范

（1）检查行走三角带和工作皮带是否按规定张紧。检查输送链条，链条连接点是否松脱，往各润滑点注润滑油。检查冷却水、液压油是否足够。加注完柴油后一定要用干布擦拭一遍。检查轮胎气压，一般前面轮胎的气压约为 0.15MPa，后面轮胎的气压大约为 0.18MPa。

（2）电源开关在驾驶室外面，机身的左侧。首先打开电源开关进入驾驶室，启动开关，机器小油门，空运转 45min，之后分离离合器，挂档，结合离合器踩油门，此时机器就可以开始工作了。停车相对比较简单，当机器工作完毕后，将割台放落地面，所有操纵杆回到空档位置，然后才能熄火。只要将熄火器提起，等机器熄火，熄火后放回原位就可以了。离开时要将电源总闸关闭。

（3）在启动发动机前，必须检查变速杆及其他操纵杆是否都处在空档位置。集草车要配合青贮饲料收获机进行收获作业，位置在机身的右侧。在作业过程中，集草车与收获机的距离一般根据抛射筒的抛射距离而定。

（4）机器作业前，发动机应空运转 15~20min，待机组试运转为 10min，行走试运转大约 10min。当发动机温度上升到 40℃以上时，从低档到高档，从前进档到后退档逐步进行。试运转时采用中油门工作。负荷试运转（试收获）作业时，收获机的变速杆放在 1 档位置，发动机油门必须保持大油门。

（5）拨禾轮的调整。拨禾轮的高低位置应根据田间作物生长状况进行调整。大拨禾轮有三个位置可以调整，拨禾轮的高低位置，一般以拨板在最低位置时，拨在植株高度的 1/3 处比较适合，而且需要两个人来完成这项操作。具体的调整方法是这样的：搬开调整手柄，向上推动大拨禾轮，到中间位置，再把调整手柄放到原来的位置，向下调整时，方法也是一样的。这样的调整，有利于提高作业质量和减少收获损失。

（6）切割器的调整。切割器是用来切断作物茎秆的工作部件，它主要包括弹片刀头、摆臂、定刀、动刀等。切割器的装配技术状态，对切割质量有很大的影响，所以应经常检查并进行调整。松开刀头与弹片间的螺栓，（此时，还需要有一个人在前方转动轴承来带动刀片的动刀处于右端极限位置时）右定刀片的中心线间的距离不大于 5mm，如果偏差较大，可以调节刀头与弹片之间的相对位置，使摆环箱的摆臂也处于右端最极限位置再里移。这个时候，动刀片与定刀片的工作面基本重合，调整到位后，还要把螺栓拧紧固定。

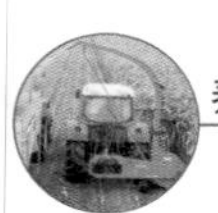

（7）皮带的调整。打开机箱盖，检查皮带是否出现了松动现象，如果发现松动，可以拧紧皮带拉杆的螺栓，进行调节，当用手按下皮带，皮带上下振幅的间距为 3cm 左右就比较合适了。

（8）输送链耙的调整。调整完切割器，我们还要对输送链耙进行调整。链耙的张紧度要适当，将链耙中部提起，检查一下链耙的张紧度合不合适，一般以能放下一只成人手掌，3cm 左右比较合适。如果不合适，可以调整链耙被动轴上的 4 个螺栓，直到各组链耙松紧适宜。调整后的链耙左右链条的紧度应一致。

（9）喂入装置的调整。喂入装置的调整是通过两个上喂入辊压片间调节弹簧的拉力大小来实现。调整时，首先松开弹簧拉杆上面的螺栓，使整个弹簧处于松弛状态，然后转动弹簧下面的调整螺母，用来拉紧弹簧，当弹簧丝之间的间隙为 0.5mm 时，它的拉紧力为 10kg 左右，喂入装置调整到这个程度就合适了。

（10）切碎装置的调整。主要是调整动、定刀间隙。首先打开铡草机盖子，松开动刀上面的螺栓，用一个厚度为 0.5~2mm 的铁条竖直贴放在定刀刃口部，然后转动刀盘，使动刀刃口部略蹭过铁条时比较合适。如果缝隙较大，可以用锤子敲打动刀刀盘，减小刀片间隙，直到间隙大小合适为止。然后，锁紧刀片固定螺栓，盖上盖子，固定好螺母，从而完成刀片间隙的调整。

（11）使用结束后，一定要将机器清洗干净，如机身、轮胎，以及割台的各个部分。经常检查发动机的空气滤清器，主滤芯要一年更换一次。散热器隔子要进行清扫，以免出现堵塞现象。要对机器进行润滑，比如传动链条要加注润滑油，有些转动部位还要加注黄油，如各拉杆活节，标杆机构活节，滚动轴承等。每个工作季结束后，应更换一次液压油箱滤网。同时，每年更换一次液压油。

四、质量标准

依据 NY/T 2088—2011 玉米青贮收获机作业质量（表 3-9）。

表 3-9　青贮收获机质量指标

序号	项　目	质量指标要求
1	损失率，%	≤ 5
2	切碎长度合格率，%	≥ 95
3	割茬高度，mm	≤ 150
4	收获后地表状况	无机械造成的明显油污染；无漏割，地头、地边处理合理
5	注：合格切碎长度：喂牛饲料：3~5cm；喂羊饲料：2~3cm	

第十节　披挂式青贮收获机械化技术

一、技术内容

披挂式青贮收获机主要用于在田间收获青贮玉米、高粱等高秆、粗茎作物，也可用于收获摘穗后的玉米秸秆，可一次完成收割、切碎并将切碎物料抛送入料箱或运输车内的机械装备。该机与拖拉机悬挂配套，采用不对行的方式收获饲料作物，能够适应青贮玉米种植行距不一致的情况。具有结构紧凑、转弯半径小、机动灵活等特点，适用于青饲料作物种植面积中等的区域，适合于小型奶牛场、农牧场和个体户使用。

（1）试运转前进行技术状态检查，若各部位装配和调整正常，首先对机具各部位进行调整、紧固、润滑。应先用手转动，确认无问题后，再用发动机转动。收割台部分、脱粒部分、清选部分等分别进行试运转，机手集中精力发现问题、解决问题，最后再全面试运转。

（2）试运转时，先小油门，以后逐渐加大油门至正常转速。在正常转速运转过程中，每相隔 15~30min 停车检查一次各机构的运转、传动、操作部位是否正常，各传动轴承有无发热，各部件紧固处有无松动等，发现问题，及时排除。

（3）正确选择拖拉机的档位，合理掌握收割机的前进速度、一般设计速度为机组的低档行驶速度。由于机型不同，设计要求也不尽一致。使用前一定要仔细阅读《产品说明书》，按要求正确选择排档。

（4）作业时必须使用大油门。不能因作物过稀、速度较慢、割幅又窄而用中小油门作业。工作部件的最佳运动参数，都是按发动机的额定转速设计的。当改变发动机转速时，就改变了工作部件的最佳运动参数，从而导致作业质量的降低和损失率的增加。

（5）油门的正确操作方法是：驾驶员用手油门控制发动机在中大油门状态下运转，进入割区前放下割台，接合传动离合器和变速档后，先加大油门使发动机达到额定转速，然后放松拖拉机离合器踏板进入割区，在割区内保持油门稳定。如感到机器负荷较重，可踏下离合器踏板，切断行走动力，让收割机将进入机器内的作物处理完毕后再继续前进。在临时停车或地头转弯时，也必须先让收割机高速运转一段时间，待机内作物处理完毕后，再减油停车。

二、装备配套

1. 结构组成

主要由机架、传动机构、切割喂入机构和切碎抛送机构构成，机架包括横梁，横梁上安装套筒，套筒上设置悬挂爪；切碎抛送机构包括固定安装在横梁一端的圆筒形切碎室，切碎室设置切碎轴，切碎室的前端下部设置进料口，进料口上设置定割刀，切碎室上部设置出料口，切碎轴上通过圆盘刀架辐射状安装多个抛料板和动割刀；切割喂入机构包括棘滚和圆滚，棘滚和圆滚的下部分别安装梅花形割刀，棘滚和圆滚的外围分别设有防护罩，两防护罩的前侧分别安装分禾器。

2. 工作原理

推禾杆首先将矮秆青饲料作物推向前倾，继而植株根部被切割器割断，同时拨禾轮的弹齿也插入割下来的植株丛中，将植株向后拨送，递送，由螺旋叶片把植株集拢到喂入口，并输送给主机的喂入轮，喂入轮将作物压实且送往切碎机构，碎段被抛送到青饲拖车上（图 3–10）。

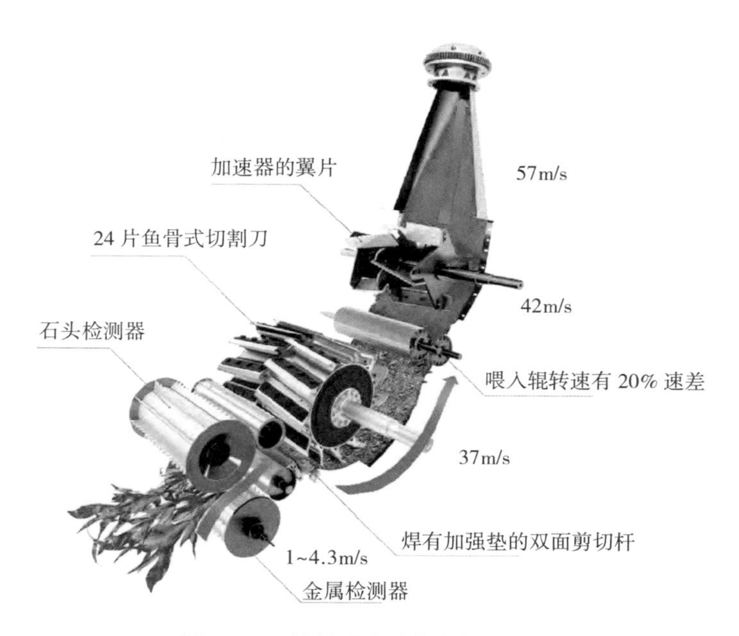

图 3–10　披挂式青贮收获机原理

工作时，将 3 点悬挂架与拖拉机挂接，拖拉机动力输出轴将动力传递给第 1 锥齿轮箱，第 1 锥齿轮箱通过万向节轴将动力传递给第 2 锥齿轮箱，第 2 锥齿轮箱带动旋转切碎刀切碎作物，通过旋转集料筒将作物输送到喂入装置，喂入装置将作物输送到切碎装置，切碎后再通过抛送装置抛送到接料车。

3. 机具分类

按拖拉机与青贮收获机的装配方式不同可分为披挂式青贮收获机、背负式青贮收获机（图 3–11）。

背负式青贮收获机

披挂式青贮收获机

图 3–11　青贮收获机

三、操作规范

（1）拖拉机的发动机转速应与披挂式收获机相匹配，按说明书所规定的车速进行收获作业。机组作业速度超过规定值，极易引起输送槽堵塞，喷料不干净等故障。故拖拉机在披挂青贮收割机前，应确保发动机转速在规定要求内。

（2）开始作业时，应先进行收割道的确定并进行收割。由于披挂式青贮收获机结构较单薄，在其作业时，除操作人员外，不可再有多余的人员停留在青贮收获机上，禁止超员。

（3）先接合动力输出轴，使刀盘达额定转速，方可进行收获作业。如果割台堵塞，说明喂入量过大，机组负荷过重，此时应适当减少割幅或降低前进速度。

（4）披挂式青贮饲料收获机驾驶员必须经过培训，驾驶人员必须有一定田间作业经验，操作驾驶前应熟读厂家提供的使用说明书，以了解不同机型的特殊结构和操作要求。

（5）青贮收获机停止收割时，应让它空转一段时间，一般为 3~5min，以使机内物料输送干净，以免造成浪费。

（6）披挂式青贮收获机在使用前、中、后各时期及使用完毕后，都要进行适当的保养、维修。尤其停止使用后，应全面地进行保养，将收割机从拖拉机上卸下，清洗、换机油、检查磨损情况、进行修复，涂上防锈漆或机油、黄油防锈，并停放在机库里，以备下一收割季节再用。

四、质量标准

依据 JB/T 7144–2007 青饲料切碎机（表 3–10）。

表 3–10　青饲料切碎机质量指标

序号	项　　目	质量指标要求
1	损失率，%	≤ 5
2	切碎长度合格率，%	≥ 85
3	割茬高度，mm	≤ 150
4	生产率，hm^2/h	0.25
5	抛送距离，m	3
6	单位草长千瓦 h 产量，kg/kW・h・mm	≥ 80

第十一节　青贮包膜机械化技术

一、技术内容

青贮包膜机适用于玉米秸秆、紫花苜蓿、甘蔗尾叶、地瓜藤、芦苇、豆秧、沙打旺的青贮，对干的秸秆经过加水，包装后可以微贮，有很高的商品价值，使农作物的废弃物变废为宝，提高了资源的利用率，弥补了畜牧业饲草料来源不足且质量低下的的缺陷，并降低了喂养的成本，提高了肉或奶的产量及质量，使牧草业走上了商品化。

（1）操作工经过严格培训合格后，方可使用本机器。

（2）在环境温度小于零上 2℃时，不允许使用本机器。

（3）秸秆及牧草水分大于 65% 时，不允许使用本机器。

（4）使用电机作为动力时，必须安装接地线。

（5）及时清理旋转架下方伞齿轮上的淤料、绳头等，否则损坏机器零件。

（6）饲草水份在 60%~65% 时，需包膜草捆的重量不允许超过 65kg/ 捆，否则损坏机器零件。

（7）机器使用或存放期间，必须做好防水、防雨、防锈处理。

二、装备配套

1. 结构组成

青贮包膜机主要由一体式割台、驾驶室、操纵系统、静液压行走底盘、发动机、液压系统、喂入机构、抛送装置、集草箱、绕网绳机构、液压缸、打捆装置、悬挂装置和电器检测监控系统等部分组成。

2. 工作原理

一体机在田地里作业时，首先青饲料秸秆通过一体式割台上的扶禾器进行不对行扶禾，然后通过一体式割台上的分禾叉进行分禾，再通过锯盘和输送滚筒将青饲料的秸秆切断，切断的作物秸秆经割台喂入机构强制喂入并输送至物料切碎抛送装置将青饲料秸秆粉碎并抛送，然后通过导料管将粉碎的青饲料秸秆抛送至集草箱。粉碎的青饲料秸秆有序的从集草箱下方的饲草喂入机构喂入打捆装置进行打捆作业，打捆装置将碎秸秆打成密实的圆草捆后，液压油缸控制打捆装置的仓门打开将圆草捆输送至包膜装置进行包膜作业。包膜装置在液压系统的控制下开始工作，随着包膜装置的旋转机构和输膜架机构的协力配合，对圆草捆进行均匀的包膜处理，当圆草捆包膜完毕后，包膜装置的卸捆导板打开，圆草捆顺着卸捆导板滑落到地面，然后卸捆导板回收复原准备下次作业。

3. 机具分类

见图 3-12 所示。

包膜一体机

移动式打捆机

图 3-12　青贮包膜机

三、操作规范

（1）接好电源后，由一人向后推离合器操纵杆，一人控制电源开关，合上开关 10s 左右，马上分开；检查电机旋向是否与机器要求方向一致。本机器严禁反转。

（2）本机器使用前应空车运转 5min，各链条部位、转动部位、拾料器应加足润滑油，并使其充分润滑。

（3）穿好麻绳，调节好麻绳张紧器压力，不要过紧或过松。

（4）为提高生产率，可由 2 人操作本机器，一人入料，一人出料并负责往机器前面送料。

四、质量标准

依据 DB11/T 20-2010 裹包机（表 3-11）。

表 3-11　裹包机质量指标

序号	项　目	质量指标要求
1	裹膜外观	裹包平整，包膜不允许有机械划伤

第十二节　青贮饲料灌装机械化技术

一、技术内容

青贮饲料灌装机是一种专门用于灌装青贮饲料的专用设备，是袋式灌装青贮饲料制作工艺中的关键设备。它的作用是将粉碎的饲草或玉米秸秆均匀的装入专用的青贮塑料袋，并压实。青贮饲料袋式灌装技术是继窖贮、塔贮技术之后，应用的最新青贮技术，其密度可达到 0.6T/m^3，是任何传统青贮方式无法达到的存贮密度。适用于含水率在 65%~75% 的切碎饲草（如玉米秸秆等）的袋式灌装青贮。

（1）青贮饲料灌装机适用于地头或空旷的土地上使用，地面平坦，防止有利器将青贮袋扎破。与料袋接触表面要求光滑平整，不得有尖角、毛刺等，以免将料袋刮坏。

（2）青贮饲料灌装技术无须建窖，制作和贮存场地的机动性大，有利于利用闲置空地。

（3）机械设备能流动作业，制作的量可多可少，对养殖规模的适应性广。

（4）密封性好，青贮质量高，无传统窖贮中边角、封口部霉烂和失水等损失。

二、装备配套

1. 结构组成

青贮饲料灌装机械主要由上料链耙、压装系统、张紧机构、撑袋架、行走系统等组成。上料链耙由液压马达、升降滑道组成。压装系统由减速箱、传动箱、辊筒、张紧装置组成。张紧机构由张紧轮、钢丝绳、撑袋架组成（图 3–13）。

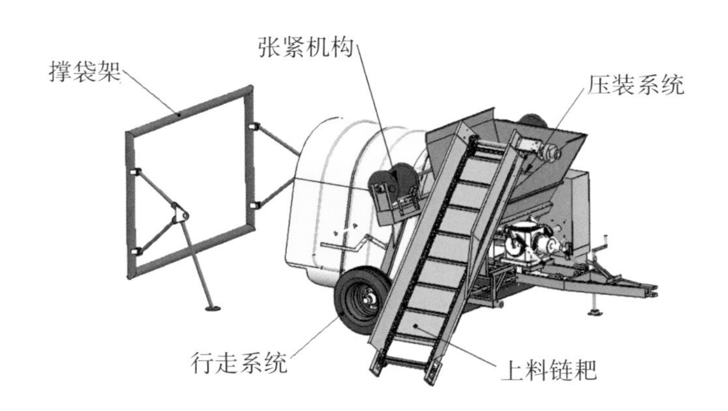

图 3–13 青贮饲料灌装机结构

2. 工作原理

灌装机工作时，拖拉机挂空档，动力先由拖拉机后输出轴传递至灌装机锥齿轮减速箱，再经一级链传动减速，最终驱动压装辊筒转动；压装辊筒将料仓内的物料经动刀齿均匀向后压入与撑袋装置相连的料袋中。料袋被支撑架纵向限位，支撑架与灌装机张紧机构的摩擦盘以钢丝绳相连，钢丝绳张紧力由摩擦盘调节。待物料装满料袋，其内部压力与拖拉机、灌装机对地面的摩擦力及钢丝绳张紧力平衡时，即可推动灌装机、拖拉机向前运动，并拉出相应长度的料袋，灌装机和拖拉机随着袋中物料的增加而被推向前移，直至装满整袋物料。袋中物料的密度由张紧机构控制。

3. 机具分类

机具分类可参照图 3–14 所示。

图 3–14　青贮饲料灌装机

三、操作规范

（1）检查减速箱及传动箱内的机油是否满足要求。

（2）用升降器将装袋机的牵引架顶起，去掉支腿。用万向轴将拖拉机的动力输出轴与装袋机的减速箱输入轴连接起来。

（3）摇下输料链耙至离开地面 50mm。将液压油管与拖拉机连接。

（4）放下拖袋盘，移掉张力绳。

（5）将塑料袋叠层套进撑袋口，保证塑料袋叠层平整。将塑料袋底部平整地放进拖袋盘上。

（6）从塑料袋叠层的内侧沿撑袋口将塑料袋内导边拉出 1m，保证塑料袋在最前端，将拖袋盘升起，压紧塑料袋。

（7）将张力绳挂在拖袋盘两外侧，使塑料袋在撑袋口上绷紧。

（8）抓住塑料袋的引导边，将塑料袋从撑袋口拉出，至所有引导边可以被束缚在一起为止，将塑料袋口扎起来。拉出塑料袋时要当心，力求平稳端直，防止塑料袋被机器边角刮破。

（9）将支撑架放在离撑袋口最近的地方，将塑料袋封口顶在支撑架的绳网上。

（10）从张紧机构的两个辊筒上拉出钢丝绳，钩在支撑架上，然后用张紧扳手反向旋转辊筒，张紧钢丝绳。注意使钩尖朝外，以免钢丝绷紧时刮破塑料袋。

（11）启动拖拉机，开始灌装作业。

（12）为保证塑料袋填充物料的密度和均匀性，检查塑料袋的填充情况，并用手触摸压实度。在填充过程中，根据作业情况随时调整张紧机构的压力。

（13）当撑袋口上塑料袋的叠层只剩下三层时，输料链耙停止上料，释放张紧机构压力，将钢丝绳脱钩，移走支撑架。

（14）拖拉机慢慢牵引灌装机向前移动，使剩下的塑料叠层逐渐脱离撑袋口。同时保证压装系统低速转动，清除撑袋口内的遗留物料。

（15）停机，拖拉机将装袋机牵引脱离塑料袋，然后封袋。

（16）用张紧扳手将钢丝绳绕在辊筒上，以备下次作业时用。

（17）工作时，任何人不得进入拖拉机与装袋机的连接处。

（18）不准用手及其它任何工具接触输料耙里的物料。

（19）装袋前要把机组整体调直且保持拖拉机前轮直行，小的方向改变通过慢调拖拉机方向盘来实现。

（20）将塑料袋口拉平，分别从两端向中间正反向折叠，最后合成一体，用尼龙绳在间距 10cm 两个的位置将塑料袋扎紧。

（21）长距离转移时，应摇起输料链耙，将内外撑袋口叠放，以减小运输宽度。

（22）使用前检查减速箱内齿轮油高度是否合适，检查链轮油箱内油面的高度，齿轮油不足时应及时补充。

（23）初次使用两周后，更换一次减速箱和链轮箱内的齿轮油。以后每年使用前更换。

（24）每次使用前给轴承座和减速箱的油嘴中注满润滑脂。

（25）封存时应将机器内外清理干净。链耙的链条用机油润滑防锈。应避雨雪、防日晒，室外存放应用苫布防护。应用机器所带插孔支腿将机器前部支起。

第四章

饲（草）料加工机械化技术

第一节 铡草机械化技术

一、技术内容

铡草机械化技术主要用于铡切牧草和农作物秸秆等，铡切后的饲草适合饲喂牛、羊、马、鹿等，是一种以切碎玉米秸秆、麦秸、稻草等粗饲料为主的饲料加工技术设备。

（1）铡草机的所有外露旋转件必须安装防护罩。

（2）固定动刀片所用螺栓必须是高强度螺栓，并加有弹簧垫片等防松装置。

（3）使用前应检查铡草机转动部分是否灵活。

二、装备配套

1. 结构组成

铡草机主要由喂入机构、铡切机构、抛送机构、传动机构、行走机构、防护装置和机架等部分组成。喂入机构由喂料台、上下压辊、定刀、定刀支承座等组成。抛送机构由动刀、刀盘、锁紧螺钉等组成。传动机构由三角带、传动轴、齿轮、万向节等组成。行走机构由地脚轮组成；防护装置由防护罩组成。

2. 工作原理

工作时启动电动机，电动机通过皮带轮、皮带将动力传递给主轴，主轴另一端的齿轮通过齿轮箱、万向节等将经过调速的动力传递给压草辊，物料被压草辊夹持并以一定的速度送入铡切机构，经高速旋转的刀具切碎后经出草口抛出机外。

3. 机具分类

铡草机主要分为筒式铡草机和盘式铡草机（图 4–1）。

图 4–1　铡草机

三、操作规范

（1）使用前应检查铡草机电控装置、过载保护装置有效可靠。

（2）铡草机应装有安全开关，当打开粉碎机盖（门）时，保证电源被切断。

（3）工作前铡草机应放置平稳，将地脚固定。

（4）使用前应进行动、定刀片间隙检查和调整，动定刀间隙应调整为 0.1~0.3mm。

四、质量标准

依据 JB/T 7288—2006 铡草机型式与基本参数（表 4–1）。

表 4–1　铡草机型式与基本参数

序号	项　　目	质量指标要求
1	单位草长千瓦小时产量，kg/kW · h · mm	≥ 70（青玉米秸秆）
2	标准草长率，%	≥ 85
3	破节率，%（青饲料切碎机不适用）	≥ 60

第二节　饲草料揉碎机械化技术

一、技术内容

饲草料揉碎机械是畜牧养殖生产中广泛用于粗饲料加工的一种常用机械。主要用来将农作物秸秆、牧草等揉碎成丝状，既可直接喂饲牲畜，打破青（干）玉米秸秆、麦秸、稻草等农作物秸秆及牧草粗硬茎节，进行揉碎的机械技术。加工出的物料适用于养殖牛、羊、鹿、马等，也可加工棉秆、树枝、树皮等，也可将其青贮、氨化或进行其它加工。用于秸秆发电、提炼乙醇和造纸、人造板等行业，有效提高饲料利用效率。

（1）开机前检查所有紧固件应拧紧，不应松动。

（2）揉碎机重新组装后，应手动旋转传动轴，运转正常，平稳，不得有异常声音和卡滞现象。

（3）操纵装置应灵活可靠，上下壳体应紧密，工作室不得有漏草现象。

二、装备配套

1. 结构组成

饲草料揉碎机主要由进料部分，揉碎室、风送出料系统、控制系统、传动和机架部分组成（图 4–2）。

图 4–2　饲草料揉碎机

2. 工作原理

工作时将作物茎秆沿径向进入揉碎室后，受到锤片顺纤维方向的打击，茎秆的坚硬纤维外皮被纵向豁开成细条和被拉断，在高速旋转的锤片与齿板重复打击和揉搓下，使物料呈松软的丝状物被风机吸出，即采用打击揉碎物理性作用原理。

3. 机具分类

饲草料揉碎机按喂入方式不同可分为轴向进料式和径向进料式。配套动力可选配电动机、柴油机、拖拉机，方便动力配置。配置自动输送喂草机构，自动喂料，输送链不缠草，喂料顺畅，工作方便安全高效（图 4-3）。

轴向喂入式饲草料揉碎机

径向喂入式饲草料揉碎机

图 4-3 揉碎机械

三、操作规范

（1）揉碎机开始工作前先通电源，空运行揉碎机几分钟，正常后方可进行揉碎操作。

（2）使用中如发现机器震动中异常或发出不正常响声，应立即停车检查。

（3）所揉碎物料中严禁有金属等硬块进入揉碎机，如有较硬块时，应从物料堆中取出后方可进行揉碎工作。

（4）操作人员必须经过培训，并且能掌握设备的标准操作方法。

（5）操作人员应掌握设备的维护和保养操作规程，定期对设备进行维护和保养。

（6）揉碎过程中发现揉碎质量有问题，应停机检查揉碎齿板与动刀间隙。

四、质量标准

依据 GB/T 20788—2006 饲草揉碎机（表 4-2）。

表 4-2 饲草揉碎机质量标准

序 号	项 目	质量指标要求
1	破节率，%	≥ 90
2	生产量，kg/kW · h	≥ 90
3	噪声，dB（A）	≤ 90
4	首次故障前平均工作时间，h	≥ 120

第三节 饲料粉碎机械化技术

一、技术内容

饲料粉碎机是一种用于精饲料粉碎的机械，其利用高速旋转的锤片、锤爪来击碎饲料，其粉碎均匀，粉末少，质量好。目前饲料粉碎机分为切向进料式、轴向进料式和径向进料式，分别称为切向饲料粉碎机、轴向饲料粉碎机和径向饲料粉碎机。

（1）外露的转动部件必须有防护装置，防护装置的网孔应保证人体任何部位不会接触转动部件。

（2）防护装置应有足够的刚度，保证人体触及时不产生变形或位移。

（3）人工喂料的粉碎机的喂料口处应有“饲料粉碎机工作时严禁将手伸入”的警示标志。

二、装备配套

1. 结构组成

粉碎机由机架、入料装置、粉碎室、粉碎刀轴、传动机构、电动机、控制装置组成（图 4–4）。

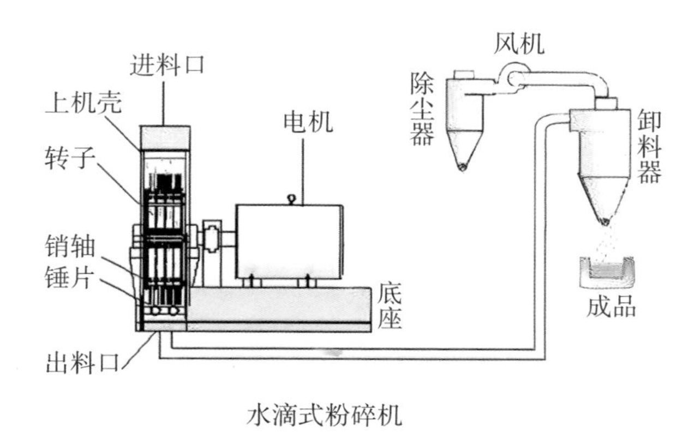

图 4–4 饲料粉碎机结构组成

2. 工作原理

粉碎机工作时，电动机通过皮带带动安装在粉碎室内的粉碎刀轴高速运转，粉碎刀轴上的锤片或锤爪对物料进行高速撞击，粉碎室内的物料在旋转气流的作用下与筛片进行摩擦和强烈地冲击、研磨。达到筛孔规定粒度的物料通过筛孔从出料口排出，如此循环往复实现物料的粉碎。

3. 机具分类

饲料粉碎机按物料需求可将其区分为水滴式粉碎机、锤片式粉碎机（图 4–5）。

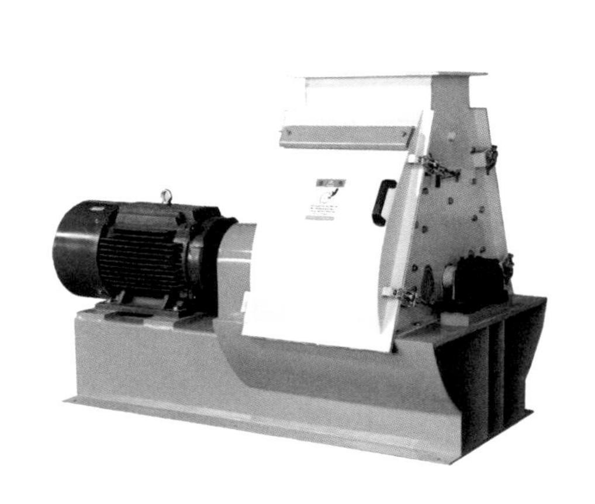

水滴式粉碎机

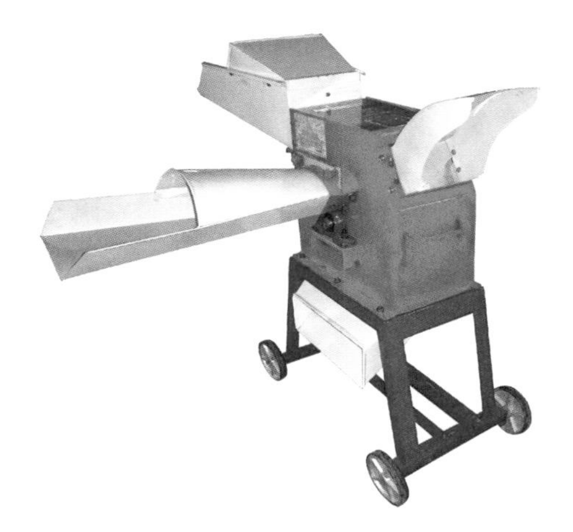

锤片式粉碎机

图 4–5 粉碎机

三、操作规范

（1）粉碎物投入量勿超过粉碎数量。

（2）粉碎物必须要干燥，不宜潮湿和油脂。

（3）开机时，若碰到粉碎物卡住刀片，使电机不能转动时（会发出嗡嗡的低音声响），要立即关闭电源，防止电机烧坏，然后再将卡物取掉，重新开机。

（4）粉碎时间不宜过长，防止细粉发热粘槽。

（5）长期使用，碳刷和刀片磨损严重时要及时更换。

（6）在确认电源电压的情况下，电源插座要有可靠接地线，不要用力拉拨电源线，以防止人为翻倒，摔坏粉碎机和其它事故发生。

（7）若电机不转动，必须切断电源，检查电源线插头接触是否良好，保险丝是否断路和碳刷有否严重磨损，换上备用配件。如电机仍不转动，必须由专业人员进行维修。

（8）使用过程中，严禁打开上盖或将手、毛刷和其他工具伸入粉碎室内，避免造成人身事故。在打开上盖的情况下，必须拔出插头，以防止触及开关造成人身事故。严禁直接用水清洗整机、粉碎室。

（9）饲料粉碎机长期作业，应固定在水泥基础上。如果经常变动工作地点，饲料粉碎机与电动机要安装在用角铁制作的机座上，如果饲料粉碎机以柴油发动机作动力，应使两者功率匹配，即柴油机功率略大于饲料粉碎机功率，并使两者的皮带轮槽一致，皮带轮外端面在同一平面上。

（10）饲料粉碎机安装完后要检查各部分紧固件的紧固情况，若有松动须予以拧紧。要检查皮带松紧度是否合适，电动机轴和饲料粉碎机轴是否平行。

（11）饲料粉碎机启动前，先用手转动转子，检查一下齿爪、锤片及转子运转是否灵活可靠，壳内有无碰撞现象，转子的旋向是否与机上箭头所指方向一致，电机与饲料粉碎机润滑是否良好。

四、质量标准

依据 GB/T6971 2007 饲料粉碎机试验方法（表 4–3）。

表 4–3　饲料粉碎机质量指标

序　号	项　目	质量指标要求
1	粉尘浓度，mg/m^2（工作区内）	≤ 10
2	饲料温升，℃	≤ 25
3	吨料耗电量，kW · h/t	≤ 11

第四节　饲料混合机械化技术

一、技术内容

饲料混合机是在配合饲料生产过程中，实现各种饲料成分均匀分布的饲料加工机械，又名饲料搅拌机。饲料混合机可进行固—固（粉体和粉体）混合，固—液（粉体和液体）混合，也可用作反应设备。适用于预混料、畜禽、水产饲料、添加剂、化工、医药、肥料等行业各种浆料、粉料的干燥及混合。小型养殖场，混合完一批后，可暂做存料仓使用，用完后再加工。

二、装备配套

1. 结构组成

饲料混合机主要由进料斗 、立式螺旋输送器、混料筒、套筒、控制系统等部分组成。

2. 工作原理

工作时将待混合物料由混合机的进料口进入到混合仓内，由转子带动搅拌杆对物料进行搅拌，同时由于混合仓在不停的自转翻滚使得所有的物料也不间断的在翻动、剪切、对流扩散，从而达到均匀混合的目的。

3. 机具分类

饲料混合机按主轴的配置方式有立式和卧式两种；按其主要工作部件的类型有螺旋式、叶片式、带式和桨叶式（图 4–6）。

立式饲料混合机

卧式饲料混合机

图 4–6　混合机

三、操作规范

（1）机器应保持清洁干燥，尤其不要使杂质进入机内。

（2）磁力搅拌器使用时加热时间一般不宜过长，间歇使用可以延长一起使用寿命。

（3）工作时如发现搅拌棒不同心，搅拌不稳的现象，请关闭电源调整固定夹头，使搅拌棒同心。

（4）搅拌时，须慢慢调节调速钮，调节过快会使搅拌转子脱离磁钢磁力，不停跳动。应迅速将钮旋至停位，待搅拌转子静止后，缓缓升速搅拌。

（5）长时间使用后如发现漏电现象，检查一下加热瓷管是否破损，非专业人员禁止拆修。

四、质量标准

依据 NY/T 1024–2006 饲料混合机质量评价技术规范（表 4–4）。

表 4–4　饲料混合机质量指标

序　号	项　目	质量指标要求
1	噪声，dB（A）	≤ 85
2	粉尘浓度，mg/m^3	≤ 10
3	混合均匀度，%	≥ 90
4	吨料电耗，kW/h · t	≤ 1.5
5	物料自然残留率，%	≤ 1

第五节　颗粒饲料压制机械化技术

一、技术内容

颗粒饲料压制机械化技术是一种广泛用于大、中、小型水产养殖场，粮食饲料加工厂，畜牧场，家禽养殖场，个体养殖户及中小型养殖场，养殖户或大、中、小型饲料加工厂使用的机械化技术。

（1）机器进行 5 min 空转试验各部正常后，新机在使用前进行压模清洗 15~25min。具体方法是先用添加 5%~8% 食用油脂的麦皮混匀后加入机内，出料后再加入，如此反复数次，可将压模内孔挤压光洁，将压模孔原有杂物、锈点和油污清洗干净。

（2）用麦皮清洗完后，可在麦皮内加些新制粒配方再试压，而且逐渐加大比例，如出料顺利，有 90% 以上的物料从压模孔出料，即可正式进入制粒作业。

（3）刚开始作业时，喂料器应处于小供料状态，为防止机内有杂物进入压模，应先拧开排料门，排净机内混有杂物的料。待杂料从机内排净后，即可将新制粒配方料加入料斗，加料时要均匀连续。为慎重起见，操作手应握住切换门手柄，先让部分料进入压模，部分料排出，观察此时压模是否出料顺当，观察主电动机电流表指数是否平稳，如都正常，即可将料完全切入压模。

（4）当料增加到满负荷供料的 25% 时，可与增加供料同步缓慢增加蒸汽。当入模料温度达 85℃时，再增加供料，同时也增加蒸汽，直至主电动机电流接近额定电流，入模料温度保持在 85~90℃，此时机器处于最佳工作状态。

二、装备配套

1. 结构组成

颗粒饲料压制机主要由主电机、齿轮减速装置、环模、压辊、螺旋输送器、加热搅拌器、输送器、小电机、调速装置、过载保护系统等组成。

2. 工作原理

工作时原始粉状物料由颗粒机进料口垂直落在架板上表面，经过架板的旋转使物料在离心力的作用下连续均布在模具内腔表面（压轮与模具的接触立面），在压轮的碾压下粉状物料穿过模具的通孔（均布在模具内表面的通孔）。此过程物料受到高压、高温的作用，产生物理变化或适当的化学反应，促使粉状物料形成不断加长的圆柱状实心体，此圆柱状实心体不断延长，直到被平均分布在模具四周的切刀切断，形成一定规格的颗粒；散落在颗粒机模具四周的颗粒由拨料齿集中到出料口，颗粒在重力的作用下自动落下，至此颗粒的压制过程完成。

3. 机具分类

颗粒饲料压制机按机械结构分为立式颗粒饲料压制机、卧式颗粒饲料压制机（图 4–7）。

立式颗粒饲料压制机

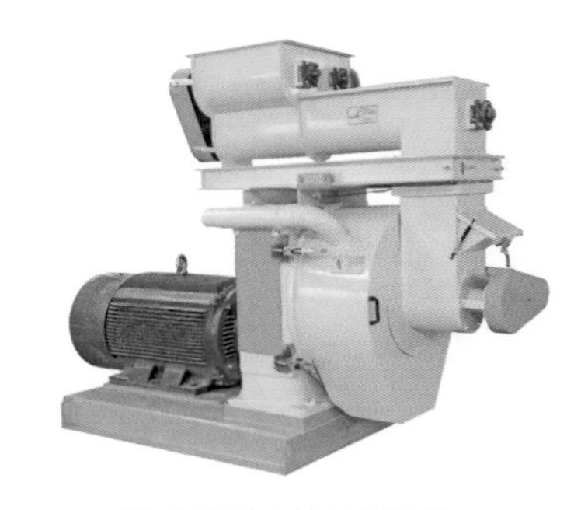

卧式颗粒饲料压制机

图 4-7　饲料压制机

三、操作规范

（1）定时对制粒机传动部位进行加油，每隔 24h 对干油泵进行一次检查保证润滑油注入不堵塞，保证制粒机传动部位的灵活转动，减轻工作负荷。

（2）定期更换制粒机齿轮箱内的润滑油，新机运行半个月后需更换一次油，以后每连续工作约 1 000h 必须更换一次，这样可以延长齿轮的使用寿命。

（3）每周一次必须认真检查各部位连接部件是否松动，行程安全开关是否动作可靠，同时清理喂料绞龙和调质器，避免发生机械故障。

（4）每半月检查一次传动键和压模衬套、抱箍的磨损情况，发现磨损及时更换，避免环模晃动而影响产量。

（5）使用优质环模、压辊。对失圆和内孔粗糙的劣质环模杜绝使用，并根据不同配方选好环模的压缩比，保证环模出料顺畅，避免增加电耗和降低产能。

（6）每班调整环模和压辊间隙。如发生堵机时，必须松开压辊，清除环模内壁物料后重新调整模辊间隙，绝对不能强行启动，避免造成传动部位和轴承档因受到剧烈振动而被损坏。

（7）杜绝超负荷生产。生产过程中不能超出制粒机本身所能承受的工作能力，不然会发生电机损坏及部件的加速磨损，缩短制粒机的使用寿命。

（8）原料必须做好除铁除杂工作，每班清理一次除铁装置，避免异物进入环模工作室内，产生机身振动和崩裂环模的现象。

（9）待加工物料要求无杂物，进料要求连续、均匀，机器工作中有异响要及时停机查出原因，排除故障后再继续作业。

（10）在初加料时，勿急于加蒸汽，因为此时料少，蒸汽难加到理想量，蒸汽多料少，极易堵塞机器，应在物料加到一定数量时，再加蒸汽较为稳妥。

（11）增加喂料时，若出现主电动机的电流剧增，应立即停止喂料。同时将料切换到排出门。如堵机不严重，机器运转 10~20s 即可正常工作，如堵机严重，则应停机排除压实的物料。

四、质量标准

依据 JB/T 5161—2013　颗粒饲料压制机（表 4–5）。

表 4–5　颗粒饲料压制机质量指标

序　号	项　目	质量指标要求
1	吨料电耗，kW · h/t（平模、环模）	≤ 20
2	吨料电耗，kW · h/t（螺旋式）	1.5~4kW<5 55.5~11kW<40 >11kW <55
3	粉尘浓度，mg/m^3	≤ 10
4	制粒成形率，%	≥ 95
5	负荷程度，%	85–110
6	成品颗粒含水率，%	（平模、环模）9~14 （螺旋式）≤ 12
7	成品颗粒坚实度，%	（平模、环模）≥ 90 （螺旋式）≥ 80
8	颗粒密度，kg/m^3	（平模、环模）900~1 300 （螺旋式）>900
9	噪声，dB(A)	（平模、环模）≤ 85 （螺旋式）≤ 70
10	成品颗粒粉化率，%	≤ 10

第六节　饲料加工成套机械化技术

一、技术内容

饲料加工成套机械化技术用于规模养殖场和饲料生产加工企业，加工各种畜禽、水产全价饲料、浓缩饲料、配合饲料生产中所需的预混饲料。该成套机械化技术包含了各个饲料生产工段所需要的粉碎、混合、制粒、冷却、筛选、提升、输送、电控系统，并将各个环节的饲料加工设备集成为成套设备，采用联锁控制，且配备安全报警装置。能够实现流水线生产，设备自动化程度较高，节省人工成本，提高生产效率。

（1）粉碎机的设计应符合标准的规定。

（2）各零部件的连接方式应牢固可靠，保证不因振动等情况而产生松动。

（3）外露的转动部件必须有防护装置，防护装置的网孔应保证人体任何部位不会接触转动部件。

（4）防护装置应有足够的刚度，保证人体触及时不产生变形或位移。

（5）人工喂料的粉碎机的喂料口处应有“粉碎机工作时严禁将手伸入”的警示标志。

（6）粉碎机应装有在打开粉碎室门或粉碎室门未关闭到位时，保证电动机不能启动的联锁装置。

（7）粉碎机应有过载保护装置、接地标志。单独使用的出厂时不配电气控制箱的小型粉碎机，制造单位应在使用说明书中加以说明。

（8）粉碎机的外壳及外露零部件在设计时应避免带易伤人的锐角、利棱。

（9）粉碎机应在醒目位置标明主轴的转向。

（10）电气控制箱及电动机应有可靠的接地措施。出厂时不配电动机的小型粉碎机，制造单位应在使用说明书中提出明确的警示说明。

二、装备配套

1. 结构组成

一套饲料加工机组，它主要包括三大部分：提升机、粉碎机、混合搅拌机（图 4–8）。

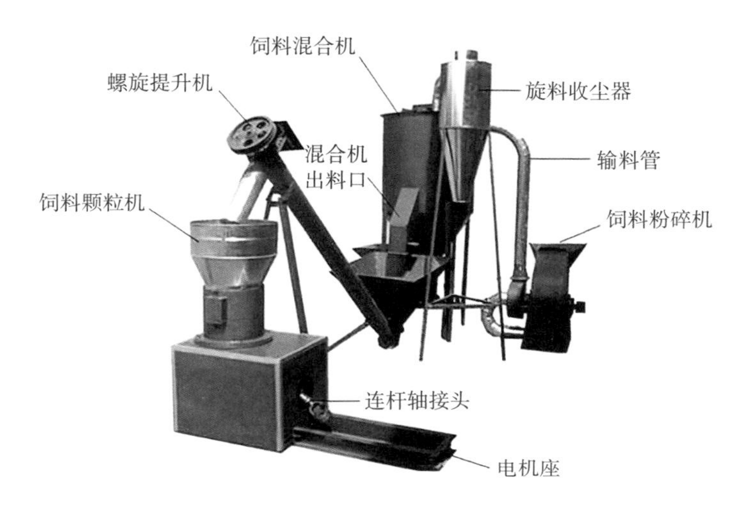

图 4-8 饲料加工成套机械工作结构组成

2. 工作原理

（1）精饲料粉碎加工时，将喂入口Ⅱ、出料口Ⅰ出料口Ⅲ封密，安装筛片、风机皮带。物料由喂入口Ⅰ喂入，在锤片高速打击及齿板的作用下将物料破碎，达到一定粒度的物料通过筛片，经风机由出料口Ⅱ排出。

（2）进行粗饲料粉碎作业时，将喂入口Ⅰ、出料口Ⅰ、出料口Ⅲ封密，物料由喂入口Ⅱ送入，首先经过动刀和定刀的切割作用，将干燥的秸秆或牧草切断，再在锤片及齿板、筛片的作用下被粉碎，达到一定粒度的物料通过筛孔，由风机从排料口Ⅱ排出。

（3）进行干秸秆、牧草揉碎作业时，将筛片换成击搓板，封闭喂入口Ⅰ，打开喂入口Ⅱ及排料口Ⅰ，卸下风机皮带。物料由喂入口Ⅱ喂入，经过定刀、动刀的切割，再经锤片及齿板击搓板的打击与搓擦，物料被破碎成丝条状，由排料口Ⅰ排出。

（4）进行青绿秸秆、牧草青贮加工及打浆时，封闭喂入口Ⅰ、排料口Ⅰ，打开出料口Ⅲ，拆下筛片或击搓板，换上青切板，卸下风机皮带。物料由喂入口Ⅱ喂入，经动、定刀切割，锤片打击及青切板作用，物料由出料口Ⅲ排出机外。

3. 机具分类

分类如图 4-9 所示。

大型饲料加工成套机械

小型饲料加工成套机械

图 4–9　饲料加工成套机械

三、操作规范

（1）粉碎机长期作业，应固定在水泥基础上。如果经常变动工作地点，粉碎机与电动机要安装在用角铁制作的机座上，如果粉碎机柴油作动力，应使两者功率匹配，即柴油机功率略大于粉碎机功率，并使两者的皮带轮槽一致，皮带轮外端面在同一平面上。

（2）粉碎机安装完后要检查各部紧固件的紧固情况，若有松动须予以拧紧。

（3）检查皮带松紧度是否合适，电动机轴和粉碎机轴是否平行。

（4）粉碎机启动前，先用手转动转子，检查一下齿爪、锤片及转子运转是否灵活可靠，壳内有无碰撞现象，转子的旋向是否与机上箭头所指方向一致，电机与粉碎机润滑是否良好。

（5）不要随便更换皮带轮，以防转速过高使粉碎室产生爆炸，或转速太低影响工作效率。

（6）粉碎台启动后先空转 2~3min，没有异常现象后再投料工作。

（7）工作中要随时注意粉碎机的运转情况，送料要均匀，以防阻塞闷车，不要长时间超负荷运转。若发现有振动、杂音、轴承与机体温度过高、向外喷料等现象，应立即停车检查，排除故障后方可继续工作。

（8）粉碎的物料应仔细检查，以免铜、铁、石块等硬物进入粉碎室造成事故。

（9）操作人员不要戴手套，送料时应站在粉碎机侧面，以防反弹杂物打伤面部。

四、质量标准

依据 GB/T 30472—2013 饲料加工成套设备技术规范；JB/T7314—2007 配合饲料加工机组；NY/T 1023—2006 饲料加工成套设备 质量评价技术规范（表 4-6）。

表 4-6 饲料加工成套机械质量标准

序号	项目	质量指标要求
1	玉米吨料电耗，kW·h/t	≤ 8
2	混合均匀度，%	≥ 90
3	粉尘浓度，mg/m^3	≤ 10
4	噪声，dB（A）	≤ 92
5	可靠度，%	≥ 90
6	首次故障前工作时间，h	≥ 80

第五章 畜禽养殖机械化技术

第一节　孵化机械化技术

一、技术内容

孵化机设备是仿生学的应用，其模拟自然界的孵化环境、提供适宜胚胎发育的条件，用于家禽等卵生动物的孵化。孵化机械主要应用于种蛋孵化、孵化场、生物孵化、胚胎孵化等。

（1）检查加湿水盘水位。检查门的密封状况。检查通风排风情况。清理风门转动丝杠上的绒毛及其它杂物，以防卡死转不动。用半干的抹布擦拭机箱及控制柜外部；出雏机每批都要清洗加湿水盆。并清除机器顶部的绒毛。

（2）检查风扇、加湿、翻蛋链条是否完好，检查加热功能，检查超高温报警功能，检查翻蛋功能是否正常，彻底清洗消毒设备，孵化每批后都要清洗机器、加湿水盆及加湿蒸发盘。

（3）清洁探头，校准温、湿度，风扇轴承加注黄油，将翻蛋蜗轮用汽油清洗后加黄油润滑，风门机构的丝杠及滑动配合部位要加黄油。加湿、翻蛋减速器要定期更换机油，全面检查各系统的控制功能。

（4）在机器搁置长时间不用前，必须开机升温烘干机器，将加湿水盆中的水放净烘干，各个运转部位要洗净后，用黄油保护以防生锈。

二、装备配套

1. 结构组成

箱式孵化机主要由控制系统、箱体式孵化机箱板、箱体式孵化机蛋车三大系统组成。控制系统由模糊电脑控制系统、智能汉显控制系统、触摸屏控制系统、大彩液晶触摸屏 PLC 控制系统组成。箱体式孵化机箱板由聚苯乙稀彩钢、聚苯乙稀玻璃钢、欧文斯科宁等组成。箱体式孵化机蛋车由防腐漆处理蛋车（标准）、热镀锌蛋车、不锈钢蛋车等组成。

2. 工作原理

孵化设备是利用仿生学原理和自动控制技术为禽蛋胚胎发育提供适宜的条件以获得大量优质雏禽的机器。箱体式孵化器拥有微电脑控制技术，应用在孵化设备上，可以根据胚胎发育过程中，对温度、湿度、氧气等需求的变化，应用专家的经验，并接受各类信息，进行推理分析。使孵化设备能够为胚胎在整个发育过程中，提供适宜的温、湿度及氧气。

3. 机具分类

孵化机根据结构又可分为巷道式孵化机和箱体式孵化机（图 5–1）。

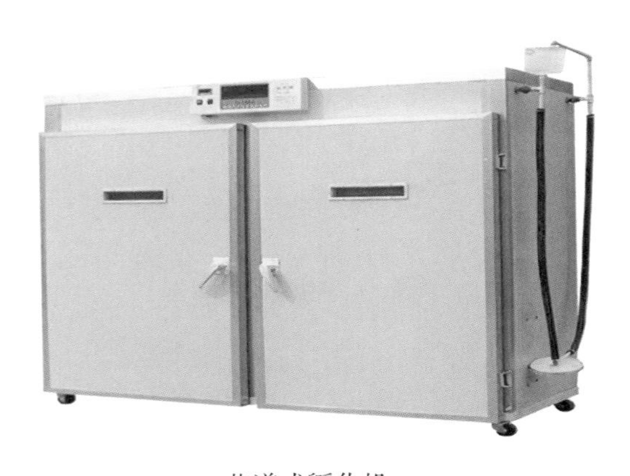

巷道式孵化机

箱体式孵化机

图 5–1　孵化机

三、操作规范

（1）孵化机应安装在混凝土地面上，地面应保持平整，安装时孵化机应稍向前（有的机型向后）倾斜，以便于清洗时排放污水，机门前要留 2~3m 的把持空间。

（2）整机安装完毕后要通电试机，检查温度、湿度节制系统是否正常，并根据要求调好温度。还要检查超温、低温报警系统有无故障，主动定时翻蛋系统是否正常等，待运转 1~2d，一切正常后方可正式进孵。

（3）使用时应随时观察机门上温度计的温度，如有不正常现象要及时检查控温系统，消除故障。

（4）孵化室的温度应保持在 20~27℃，温度高于 27℃或低于 20℃时，应考虑安装空调设备或采用其他措施。湿度应保持在 50% 左右。室内要有良好的透风换气条件，孵化机（特别是出雏机）排出的废气要用管道引至室外。孵化室要经常清扫、冲刷、粉刷和消毒。

（5）主动控温，温度均匀，一般要求控温精度为 ±0.2℃，机内各点温度差不大于 0.4℃。

（6）透风均匀，及时换气，孵化期间每枚胚蛋应有 0.002~0.010m^3/h 的透风量，出雏期间应有 0.004~0.015m^3/h 的透风量，以使机内空气新鲜，CO_2 含量不超过 0.5%。

（7）定时翻蛋，角度要够，动作要安稳，一般每隔 1.0~2.5h 翻蛋一次，翻蛋角度为 ±45°，当蛋盘翻至最大角度时，蛋与蛋盘都不能掉下。

（8）主动控湿，湿度适当。一般要求孵化期间相对湿度为 53%~57%，出雏期间为 65%~70%，误差不超过 3%。

（9）随着胚龄的增加应适当开启进气口和排气口，后期应全部打开，以保证胚胎正常发育对氧气的需要，但前期不应开启过大，以免加温较慢，浪费电能。

（10）要留心翻蛋角度是否达到要求，定时是否准确，最好使所有的孵化机翻蛋方向一致，便于管理。每翻蛋一次都要做好记录。

（11）要留心控湿装置的水箱（盘）内不能断水，感温元件的纱布与水盒内要经常换水，纱布被脏物污染后要洗净后重装。对于无主动控湿装置的孵化机，要定时往水盘内加温水并根据不同孵化期对湿度的要求，调剂水盘的数目，以确保胚胎发育对湿度的要求。

（12）每孵化一批或出雏一批后，要对孵化机或出雏机进行彻底冲刷并消毒一次。然后检查机械部分有无松动、卡碰现象，检查减速器内润滑油情况，并清除电器设备上的灰尘、绒毛等脏物。通电试运转一段时间，调好温度和湿度后进孵下一批。

（13）风扇皮带老化松弛，致使转速减慢，机内气流搅拌不匀，出现高温和低温死角。有时皮带会断裂，风扇停止工作。故对皮带要经常检查，发现松弛或老化及时更换。风扇摩擦机壁：原因是风扇固定不牢，左右摇摆，发出噪音，应及时固定。机内温度失控：注意是电子继电器性能差，灵敏度低，不能及时准确控温。有时会出现机内温度只升不降的现象，主要是水银温度计失灵，水银柱出现断柱，动点定点不能准确接触所致，必须及时更换水银导电温度计。电动机运转不良或机壳烫手，应立即进行维修或更换。

（14）湿度探头不用时最好从孵房取出来，要保持干燥，严防挂露水，严禁用嘴呵气试验探头，可用手握探头，利用手掌握蒸发的湿度观察显示升高。

（15）对孵化室、孵化机进行消毒。应在入孵前 1 周在检修机械完后进行。室内屋顶、地面等各个角落都要清扫干净，机内刷洗干净后，用高锰酸钾、甲醛熏蒸消毒，或与入孵种蛋一起消毒。

（16）检查蛋盘框是否牢固，铁丝是否有脱位、折断和弯曲现象，做到逐个检查。

（17）机体检查，反复开门后，看是否严密，机体四壁、上顶、底板是否变形，发现故障及时补修。

（18）校正检修机器。在孵化前 1 周，要系统检查安装是否妥当、牢固，各电器系统是否接好、灵敏、准确。检测温度计准确度的方法：可用 1 个读数准确的温度计与孵化用温度计插入温水中，观察温差，如温差过大（大于 0.5℃），应更换或胶布贴上校正值标记。

（19）试机过程中的检查。试机过程中要对供温、供湿、警铃、风扇等系统以及电机的转动进行详细检查，上述部分一切正常，试机运转 1~2d 后方可正式入孵。

（20）对于种蛋入孵前的准备，应先做好种蛋的入孵前选择，即外部观察、照蛋和剖检法。其次应做好种蛋入孵前的预热和消毒。

四、质量标准

依据 SC JB/T9809.1—1999 孵化机技术条件；JB/T9809.1—1999 孵化机试验方法（表 5-1）。

表 5-1 孵化机质量指标

序号	项目	质量指标要求
1	CO_2 含量，%	0.3
2	孵化有效区域温度均方差，℃	≤ 0.2
3	孵化有效区域温度稳定性，℃	≤ 0.4℃
4	孵化率，%	≥ 90
5	散热系数	≤ 0.2
6	孵化有效区域最大温度偏差，℃	≤ 0.5℃
7	健雏率，%	≥ 95
8	孵化有效区域与机上设置温度计的温差，℃	≤ 0.4
9	温度控制范围，℃	36~39
10	孵化有效区域与控温元件节点温差，℃	≤ 0.4
11	每 h 换气量	不小于机体体积的 10 倍
12	孵化有效区域风速，m/s	≥ 0.1
13	升温时间，h	≤ 5
14	单位鸡雏电耗，kW · h	≤ 0.075
15	机内湿度，%	≥ 50
16	翻蛋角度，°	40~45

第二节 鸡用自动喂料机械化技术

一、技术内容

鸡用自动喂料机是专门用于养鸡场上料投料的机械饲喂设备。该机采用电源为动力源，噪音小、操作方便、安全可靠、行走平稳、喂料均匀、维修方便，同时可喂三至四层，速度快，全自动行走，自动上料，喂料量可调，有效提高工作效率并减少饲料损耗。通用性好，使用寿命长，节省人力，2 排 3 排 4 排鸡笼 3 层 4 层可选择，主要用于蛋鸡、种鸡养殖场。

（1）安装时应保证各紧固件牢固。传动部位灵活，运行平稳，各运转部位及变速箱要加注润滑油。

（2）轨道铺设，为确保喂料机工作时行走平稳，并且作直线运行，需在鸡舍铺设轨道。

（3）将所有喂料机的鸡舍通道调整为宽度一样，鸡笼高低相同并且排列平行整齐。

（4）根据导向轮的位置将角钢固定在地平面上，注意接头位置要平整光滑，焊缝应在角钢背面，铺设时，先将所铺设轨道位置划成直线，在直线上分段钻 6mm 的孔洞，用 6mm × 100mm 的圆钢镶入孔洞中，使其高出地面 17mm 然后将连接好的角钢覆盖在圆钢上，使其两端退入鸡笼 500~300mm 即可。

（5）喂料机与鸡舍通道宽度的调整，喂料机共分 AB 两种型号 A 型喂料机宽 600mm 适合通道宽度在 650~800mm 使用，并且鸡笼两端应留 1.5~2.0m 的空间，以便喂料机调头。

（6）喂料量的调整，本机提料管下端没有进料调节口，可根据鸡的采食量，适当进行调整。当喂料量少时，投料管下端的进料口调的小些，反之，则加大。

（7）把装满饲料的喂料机前面导向轮对准地面上铺好的地轨推上，将散料管对准鸡食槽，按所需喂料量调好进料口大小，合上提料离合器，当撒料管有饲料流出时合上行走离合器喂料机做匀速前进，同时饲料均匀的落入鸡食槽内，到头后先将投料离合器分离，然后分离行走离合器。如果鸡舍两端空间够大，可直接调头，否则可拉动喂料机上翻转手柄，使喂料斗翻转至投料管道垂直位置，以减少转弯半径。

二、装备配套

1. 结构组成

鸡用自动喂料机主要由动力系统、行走系统、提升系统等结构组成。行走系统由传动轴，转向轮等部分组成。提升系统采用螺旋提升，由提升螺旋、电动机、传动系统组成。

2. 工作原理

工作时，鸡用自动喂料机在电机的驱动下，输料管道内的螺旋弹簧绞龙不断旋转，推动饲料输送到各料盘。系统会判断前端料箱是否有料，如果有料，则控制电机转动，如果料箱已空，则控制电机停止转动；同时，在料机未端装有的检测料盘亦在检测料线是否已经加满料，如果加满则控制电机停止转动，如果未加满则控制电机继续转动，整个喂料过程达到自动化控制。使用自动喂料系统后，养殖员只需把料倒到前端料箱，之后的送料由系统自动完成，喂料过程相当轻松。

3. 机具分类

按结构形式主要分为小型喂料车、自动喂料机、自动喂料线（图 5–2）。

行架式鸡用自动喂料机

鸡用自动喂料机

图 5-2　自动喂料机

三、操作规范

（1）喂料机不要在没有充满电或电量降到最低的情况下使用，较长时间不用时请保证电池充满电后放置，以后再每月充电一次，同时应关闭电源。每天用完机器后要及时充电，保证电量充足，对保护电池提高电池耐用性很有好处。

（2）充电器充电时有一定的热量，因此，请保持良好的通风环境，不能接近易燃，易爆物品，沙发、床上、地毯等类似表面，同时应放置在儿童无法触摸到的地方。

（3）切勿使用与电池不符的充电器充电。

（4）本喂料机所配充电器是专用型，不可用作其他用途。

（5）充电器内有高压电，非专业人士不得随意打开，不能在潮湿或水淋的地方使用。

（6）不能玩耍，以防触电。

四、质量标准

依据 JB/T51225-1999 鸡用链式喂料机 产品质量分等（表 5-2）。

表 5-2　鸡用链式喂料机质量指标

序　号	项　目	质量指标要求
1	送料不均匀度，%	< 15
2	清洁率，%	≥ 85
3	饲料输送量，kg/h	> 240
4	断料长度，mm	0
5	负荷功率，kW	≤ 0.75
6	噪声，dB（A）	≤ 80

第三节　鸭填饲机械化技术

一、技术内容

鸭填饲机械是一种用于鸭鹅养殖过程中进行育肥填食生产的鸭鹅填饲机械化技术。解决人工填料量调整不方便，填料量打出不准确，鸭鹅进食量不等，造成同一批次鸭鹅重量不均等现象。

二、装备配套

1. 结构组成

移动式鸭填饲机是由万向轮、座椅、支架、填饲管、脚踏开关、螺旋进料器、拨齿、料斗、皮带传动装置、电机等组成。

2. 工作原理

工作时，填饲机利用电动机带动减速皮带轮，再驱动螺旋推进器，推动饲料经填饲管填入鸭的食道达到填饲的目的。

3. 机具分类

根据压力产生方式不同，可分为手压式填饲机、气压式填饲机、液压式填饲机、螺旋推进式填饲机。按机体结构螺旋推进式填饲机可分为支撑式、悬吊式、组合式（图 5–3）。

图 5–3　螺旋推进式鸭填饲机

三、操作规范

（1）将鸭固定在鸭体固定架上。

（2）操作者取适量食用油润滑填饲管外表面，应涂抹均匀。

（3）用左手抓住鸭头，食指和拇指扣压在喙的基部，迫使鸭开口，右手食指将鸭嘴打开，并伸入口腔内将鸭舌头压向下方，然后两只手将鸭嘴移向填喂管，将鸭的颈部拉直，小心的将填喂管插入食道，直至膨大部。

（4）操作者右手轻轻握住鸭嘴，左手隔着鸭的皮肉握住位于膨大部位的填喂管出口处，然后用脚踏动填喂机的脚踏开关，饲料由填饲管进入食道，当左手感觉到有饲料进入时，很快的将鸭往下退，同时使鸭头慢慢由填喂管退出，直到饲料喂到比喉头低 1~2cm 时即可离开脚踏开关。

（5）右手握住鸭颈部饲料的上方和喉头，很快将鸭嘴从填喂管取出。为了不使鸭吸气（否则会使饲料进入喉头，导致窒息，操作者应迅速用手闭住鸭嘴，并将颈部垂直地向上提，在以左手指和拇指将饲料往下捋 3~4 次。

（6）填喂时部位和流量要掌握好，饲料不能过分结实地堵塞食道某处，否则易使食道破裂。

（7）填完料后，如鸭精神良好，活动正常，展翅高叫，喜爱饮水，说明填料合适；如果鸭拼命摇头，欲将饲料甩出，说明填料量过大。填料量应循序渐进，当其适应后应尽量多填、填足。前 15d 每天可填 3 次，以后每天 4 次，每次间隔 6h，同时保证供给充足清洁的饮水。

（8）定期清洗填饲机料槽及机身。

（9）检查电机是否运转正常。

（10）定期检查更换螺旋进料器，发现螺旋进料器固定螺丝松动时，立即拧紧，以防操作过程中损伤禽体。

（11）检查三角皮带张紧度，适当调节。

（12）脚踏开关应保持清洁、干燥、防止漏电。

（13）外接电源应符合标准，如超过额定值 5% 时应避免使用或加设稳压器，以保护电机。

（14）开机前，用手转动电机皮带轮应手感轻松，方可接通电源，电机所接电源电压需与所选电机铭牌规定电压相符，螺旋进料器转动方向与皮带轮罩正面的标注箭头方向应一致。

（15）开机前检查机器各个螺栓是否连接牢固，插销是否插接。

（16）机器运转过程中，不要用手或木棍搅动料箱中的饲料。要保证在停机后填入饲料，以免发生意外。

四、质量标准

见表 5–3 所示。

表 5–3　鸭填饲机械质量指标

序号	项　目	质量指标要求
1	生产效率，只 / 人 /h	50~60
2	饲喂时间，s/ 只・次	30~90

第四节　TMR 饲喂机械化技术

一、技术内容

自走式 TMR 饲喂机是一种用于肉牛、奶牛饲喂过程中将粗饲料、精饲料、微量元素、各种添加剂进行搅拌混合，通过自带的行走系统进行饲喂的设备。

（1）如果机器长时间不使用，应该放在可以防止天气对其造成影响的地方。

（2）在放进机库前，应该对机器进行清洗，并对所有部件进行润滑，防止生锈。

（3）存放区的环境温度应该在 0℃到 50℃。如果温度在 0℃到 50℃之间，应该保证减速箱和槽内没有水。

（4）当温度处于 –29℃到 0℃之间，检查发动机冷却系统的防冻剂密度。

（5）在机器进行长时间放置之前，把料斗中残留的草料清除掉，对机器内外进行一次彻底地清理，对机器结构上的损害进行一个常规检查，对一些安全标志的刮失进行检查，确保它们在原来的位置及仍完整可见，对机器结构进行涂油脂，机器应该存放在一个表面全覆盖的地方，应放置在压实水泥或沥青地面，最大坡度不超过 3%。

（6）长时间放置后第一次使用或再次使用，应该检查机器没有被损坏，检查机械部件状态良好，没有生锈，检查发动机和液压系统，检查轮胎状态，检测灯

光和电力系统，对所有活动部件进行润滑，确保没有油泄漏，确保所有的防护装置都在合适的位置，检查电池的充放电情况。

二、装备配套

1. 结构组成

TMR 饲喂机主要由搅拌系统、出料系统和称重计量系统、动力系统、传动系统、控制系统等组成。固定式 TMR 饲喂机由电动机或发动机提供动力源。牵引式 TMR 饲喂机由拖拉机及相应的动力输出提供动力源。自走式 TMR 饲喂机主要由驾驶室、机架、料仓、进料系统、搅拌装置、行走机构、称重计量系统、液压系统、制动系统、控制系统、排料机构等组成。

2. 工作原理

自走式 TMR 饲喂机工作时操作人员通过进料控制系统将进料系统的装料辊筒逐渐接近粗饲料，当粗饲料取到设定值后，控制系统发出相应信号，停止取料，升起装料臂。操作人员转移饲喂机进行精饲料添加，当精饲料填加到设定值后，控制系统发出相应信号，停止加料，开启搅拌系统，使粗、精饲料进行充分搅拌。当搅拌系统达到设定搅拌时间后，控制系统发出相应信号，停止搅拌，操作人员将饲喂机开到牛舍，当出料口接近饲槽时打开排料门，进行饲喂。

3. 机具分类

TMR 饲喂机按使用方式分为固定式 TMR 饲喂机、牵引式 TMR 饲喂机、自走式 TMR 饲喂机。固定式 TMR 饲喂机按工作装置的结构形式可分为单螺旋式、双螺旋式、卧轴式、立式。固定式 TMR 饲喂机按动力 配套形式分为电动机型 TMR 饲喂机、发动机型 TMR 饲喂机。自走式 TMR 饲喂机按动力配套形式可分为以农用汽车为载体的自走式 TMR 饲喂机，以自有动力为载体的自走式 TMR 饲喂机（图 5-4）。

三、操作规范

（1）本机器不能用于除农业以外的任何领域，必须由单人在驾驶室进行操作。本机器的使用由官方指导或受过专门训练的人进行操作。指定的操作人员，除必须读过指导手册，还必须有充分的准备并培训上岗。

（2）操作人员必须注意，在机器使用范围内没有其他的人或动物。在机器使用范围内有人或动物时操作人员不能开动机器。

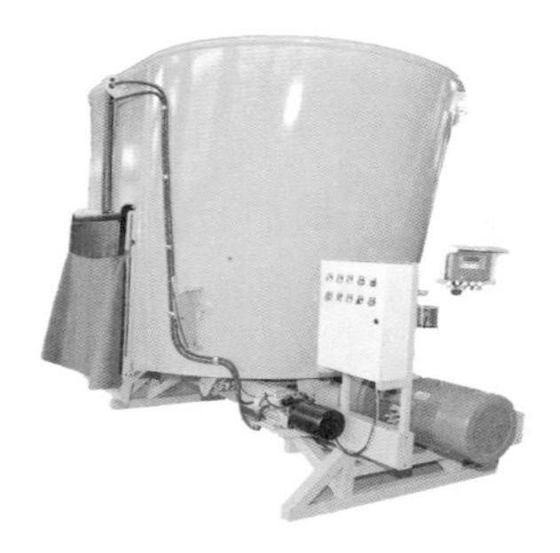

固定式 TMR 饲喂机

牵引式 TMR 饲喂机

车载自走式 TMR 饲喂机

自走式 TMR 饲喂机

图 5-4　TMR 饲喂机

（3）操作人员疲劳、生病、醉酒或者服用药物时，不能操作机器。

（4）在使用机器前，必须保证所有安全设施正常，如有什么问题，及时更换。

（5）在退出机器和维修之前，需拔掉钥匙、关闭引擎、并使用停车闸。

（6）在对机器进行使用和维修时，必须使用提供的安全设备。

（7）建议机器操作者，不要穿容易发生缠绕的衣服。

（8）在机器使用过程中，如果对干的农作物进行操作，容易积灰尘，建议定期检测驾驶室通风系统的过滤装置，或者自己带上防护面罩。

（9）至少一周进行一次对机器外部容易对操作人员造成伤害的物体清理。

（10）当机器停在斜坡上，需要插入停车闸及楔形块来支撑机器。

（11）避免在泥泞、沙子及柔软的路中工作。

（12）定期检查液压管是否破损，并替换损坏的部件。

（13）严禁拆掉或者乱动安全装置。

（14）严禁在发动机运行时拿掉安全装置。

（15）为了正确使用机器，产品的装载必须从底部使用合适的机器或设备，不要将机器停在高的建筑物附近，避免掉进杂物。

（16）对机器进行调整或维修时，必须先把机器关掉，拿掉钥匙，依据维修手册进行。

（17）对机器的调整或维修，必须在阅读使用和维护手册后进行。

（18）进行拖车时，必须使用合适的挂钩，切勿使用缆绳或链条进行拖拽。且当被拖车辆刹车系统不好时，严禁使用缆绳或链条进行拖车。

（19）拖曳前，打开左右两侧的齿轮变速箱，松开位于后轮变速箱中央盖上的螺栓，逆时针旋转盖子，将其取出，将阀盖翻转 180° 并装回，拧紧螺栓，在进行必要的检查后，装好盖子，重新启动静压传动。

（20）不要在没有足够空气的封闭区域使用机器。

（21）严禁拆卸或修改机器保护装置。

（22）操作前，检查液压油位。

（23）为了保证通风和供暖系统的良好运行，必须经常进行清洗操作。特别注意通风供暖系统空气 - 水换热器的清洁。清洁操作到六个月进行一次，如果工作环境灰尘多就要缩短时间。如果机器装有空调系统，在夏季第一次使用时，必须彻底清洗所有部件并检查冷却液。如果必要，使用合适的冷却剂对系统进行补充。用压缩空气对各部件进行清洗。

（24）在装载臂上下活动及装料滚筒旋转时，请保持安全距离。

（25）新车使用至少要进行 50~100h 的磨合。要慢慢预热发动机，不能太快达到高速运行。不要把发动机开到最大功率。不要过分调刹车。常查看发动机油位和液压油。检查皮带和链条张力。检查车轮固定螺母是否拧紧。

（26）踩压踏板要注意力度，不要过分用力，不要过分操作导致反转，这对机器系统和部件都会造成严重损害。

（27）启动机器，使机器保持最低转速大约 10min，直到液压系统油达到适当的温度。

（28）保持发动机一定的转速，确保机器提供正在进行使用的相匹配功率。

（29）装料作业完成后，停止装料滚筒旋转，将装料滚筒从地面抬起约 500mm。

（30）当机器进行短时间或长时间停放时，拔掉钥匙，将装载臂放下，插入轮胎楔形块，机器的停放最大坡度不超过 3%。

（31）除了在适当的设备车间外，不应在室外进行任何维护和维修。

（32）停机至少 4h 后方可进行维护，避免与机械发热部件接触。

（33）使用压缩空气清理机器时，请戴上特殊的安全护目镜。

（34）检查液压软管的磨损情况，如软管老化，及时更换。（或者至少每5年或5 000h更换一次）

四、质量标准

依据NY/T 2203-2012全混合日粮制备机质量评价技术规范（表5-4）。

表5-4　全混合日粮制备机标准

序　号	项　目	质量指标要求
1	混合均匀度，%	≥ 85
2	吨料电耗，kW/h·t	电机动力≤ 4.5
3	吨料油耗，kg/t	柴油机动力≤ 0.6
4	吨料油耗，kg/t	拖拉机动力≤ 0.7
5	自然残留率，%	立式≤ 1 卧式≤ 1.5
6	粉尘浓度，mg/m^3	≤ 10
7	噪声，dB（A）	电机动力≤ 90 柴油机动力≤ 93

第五节　饮水机械化技术

一、技术内容

自动饮水器是一种为解决圈养式牛舍的饮水问题，而设计的一种简单、易控、卫生的自动电加热饮水机械。

（1）自动饮水器的安装高度应与饲养牛的高度相适应。

（2）定期检查自动饮水器进水阀门是否保持畅通及浮子是否漏气。

（3）如由于断电等原因导致自动饮水器水槽结冰，应先除掉冰层，加入热水后再重新启动饮水槽加热功能；如果直接对结冰加热，由于冰融化后体积减小，将在加热器周围形成真空负压，而越加热真空负压就越大，则达不到融化整槽水的目的。

二、装备配套

1. 结构组成

自动饮水器主要由水箱、管路、浮球、连通水管、排水管、加热系统、过滤

系统、消毒系统组成。

2. 工作原理

自动饮水器使用时，按下加热开关，电源为“保温”指示灯提供电源，作通电指示。同时，电源分成两路：一路构成加热回路，使电热管通电加热升温；另一路为“加热”指示灯提供电压作加热指示。当饮水器内的水被加热到设定的温度时，温控器触点断开，切断加热及加热指示回路电源，“加热”指示灯熄灭，电热管停止加热。当水温下降到设定温度时，温控器触点接通电源回路，电热管重新发热，如此周而复始地使水温保持区间内恒定。

3. 机具分类

自动饮水器按使用对象的不同可分为牛用饮水槽、猪用饮水器、鸡用饮水器、鸽用饮水器（图 5-5）。

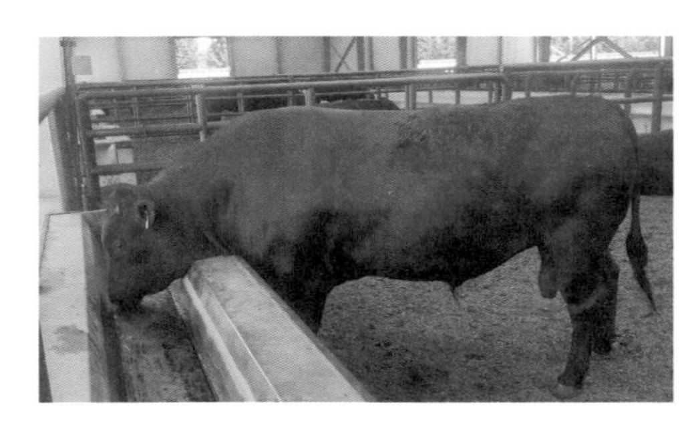

牛用饮水槽

猪用饮水器

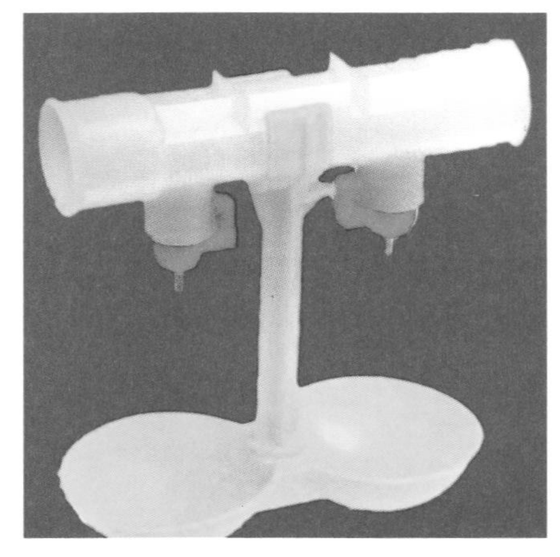

鸡用饮水器

鸽用饮水器

图 5-5　饮水机械

三、操作规范

（1）避免饮水槽故障及牛触电现象，安装液位传感器、温度传感器和报警器可有效防止饮水槽故障；安装电加热棒护板、采用低压、架设穿线管等可以有效防止牛触电。

（2）采取相应措施减少水槽内外温差，如在水槽上加盖板，制造一个水面与盖板空间的小环境，可起到保温的作用。

（3）电加热饮水槽的加热功能主要是用来维持外界供水水温不再降低，而对外界供水水温再加温是次要的。由于我国大部分地区冬季60m以下的井水温度都在10℃以上，因此外界供水水温保持在10℃以上是较易实现的；同时要打开排水阀，定期清理牛饮水时带到槽内的杂物，保持饮水洁净。

四、质量标准

依据JB/T 7718养鸡设备杯式饮水器（表5–5）。

表5–5　杯式饮水器质量指标

序号	项　目	质量指标要求
1	乳头式流量，ml	100~600
2	杯式流量，ml	300~450

第六节　消毒机械化技术

一、技术内容

消毒机械是一种用机械代替人工喷撒消毒药液的设备，主要由泵组、药液箱、管路、喷头组件和机架等构成。该设备采用高压喷药消毒，比常规手工喷药消毒作业速度快，喷药均匀，节约用药。设备体积小、耐腐蚀、使用方便。

（1）鸡舍喷雾消毒装置雾粒大小控制在80~120μm，喷头距鸡体60~80cm喷雾为宜。雾粒太小易被鸡吸入呼吸道，引起肺水肿，甚至诱发呼吸道病；雾粒太大易造成喷雾不均匀和鸡舍太潮湿。

（2）消毒时先把喷雾器清洗干净，在里面配好药液，即可由鸡舍的一端开始

消毒，边喷雾边向另端慢慢移动。喷雾的喷头要向上，使药液似雾一样慢慢下落；地面、墙壁、顶棚、笼具都要喷上药液。动作要轻，声音要小。初次消毒，鸡只可能会因害怕而骚动不安，以后就能逐渐习以为常了。

（3）鸡舍中带鸡喷雾消毒时，不应在鸡群接种疫苗前后 3 天内进行喷雾消毒，同时也不能投服抗菌药物，以防影响免疫效果。

（4）带鸡消毒前应先扫除屋顶的蜘蛛网和墙壁、鸡舍通道的尘土、鸡毛、粪便，减少有机物的存在，以提高消毒效果和节约药物的用量。

（5）喷雾消毒应当在没有穿堂风的地方进行，并关掉舍内的通风设备。喷雾消毒时，须将鸡舍关闭，全舍喷完后封闭 15~20 min 方可打开门窗通风。

（6）带鸡喷雾消毒时，应降低鸡舍的亮度，使鸡群保持安静。

（7）消毒完毕，用清水将喷雾机械内部连同喷杆彻底清洗，晾干后妥善放置。

二、装备配套

1. 结构组成

消毒机主要由机架、行走轮、限位轮、药箱、发动机、传动系统、控制系统组成。

2. 工作原理

发动机通过皮带轮带动曲柄连杆机构使柱塞往复运动，当柱塞向右运动时，泵缸的容积增大，产生负压，排液单向阀关闭，药液在大气压的作用下推开进液单向阀，进入泵缸。当柱塞向左运动时，泵缸的容积减小，泵缸内的药液受到挤压，此时进液单向阀关闭，排液单向阀被推开，药液进入排液室排出。

3. 机具分类（图 5–6）

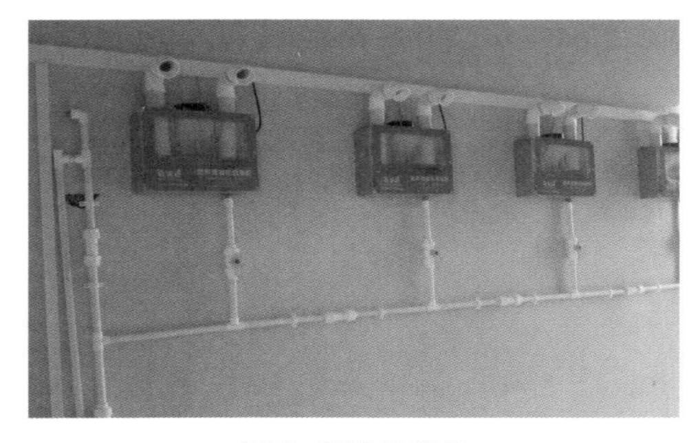

固定式消毒设备

移动式消毒机

图 5–6　消毒机械

柱塞泵式消毒机压力调节范围大，适宜在高压、中小排量、低转速下工作，能自吸。柱塞泵要求药液清洁，以防止柱塞过度磨损和进、排液阀门关闭不严。

三、操作规范

（1）操作者应戴口罩、安全帽、穿长袖衣服。

（2）在清洗、更换喷头或添加药液时应戴胶手套。

（3）严禁边作业边吃东西或抽烟。

（4）检查机器必须停机后进行，以确保安全。

（5）按说明书规定的牌号向液泵曲轴箱内加入润滑油至规定的油位，每次使用前及使用中都要检查油位，并按规定对发动机进行检查及添加润滑油。

（6）正确选用喷洒及吸水滤网部件。

（7）在启动打药机前将调压阀调节到较低压力的位置，把调压手柄扳至卸压位置。

（8）启动发动机，调节调压手柄，使压力指示器指示到要求的工作压力。

（9）用清水进行试喷。观察各接头处有无渗漏现象，喷雾状况是否良好。

（10）作业后，用清水继续喷洒 2~5min，清洗泵和管路内的残留药液，防止药液腐蚀机具。

（11）卸下吸水滤网和输药管，打开出水开关；将调压阀减压，旋松调压手轮，使调压弹簧处于松弛状态；排除泵内存水，并擦洗掉机组外表污物。

（12）严禁使用纯汽油。

（13）定期对高压泵内齿轮油进行更换。

（14）每次工作完毕要放干水箱内残留液体。

（15）长时间不使用应排出燃油箱内燃油，清空化油器内燃油。为高压泵两个加注黄油口添加黄油，并旋紧油盖。

（16）如发动机不启动，检查火花塞是否有火，查看火花塞是否积碳过多，可对火花塞进行积碳清理或更换火花塞。检查熄火开关是否短路，检查高压包飞轮间隙是否正常（正常间隙为 0.3~0.4mm）。

（17）如发动机有电不启动，拆下空气滤清器，检查是否过脏。检查化油器油泡是否过油，必要时对化油器进行清理。更换燃油，燃油要现用现配，切勿使用早期配比的燃油或纯汽油。

（18）如发动机正常，不喷雾，检查水箱是否堵塞。检查高压泵是否工作。

检查喷杆是否堵塞。检查水箱内是否有回水（有回水证明胶管或喷杆有堵塞现象）。若出现堵塞现象，且发动机正常，但高压泵不工作，可检查高压泵内部是否损坏。

四、质量标准

依据 DB11/T 1395-2017 畜禽场消毒技术规范（表 5-6）。

表 5-6 畜禽场消毒技术指标

序号	项　目	质量指标要求
1	雾滴直径，μm	80~120
2	场区消毒次数，次 / 半月	1~2
3	排污沟，次 / 半月	1~2

第七节　物理降尘机械化技术

一、技术内容

物理降尘设备主要是用于畜禽养殖舍内降尘的设备，采用高压静电降尘原理，本方法是气体降尘方法之一。

（1）由于物理降尘机械设备为安全可靠性高的高电压小电流发生装置，但电极线毕竟带有 30~45kV 的直流高压，人误触可引起电击惊吓而因躲闪造成意外伤害（二次伤害），故在系统工作时要注意安全，不要触及电极线。人距电极线的安全距离应大于 350mm。

（2）清洗圈舍时应关掉电源，待清洗干燥后方可启动降尘机械，万不可带水供电，否则绝缘子、控制器会发生绝缘击穿而损坏。

（3）当向外拨动开机设定片时会遇到一处难以向外拨动的小片（切不可强行拨动），此时仅需顺时针转动刻度盘半圈或 1/4 圈就可消除卡点。

（4）电极线上必须吊挂安全警示牌。

二、装备配套

1. 结构组成

物理降尘设备由主电源、控制器、绝缘子、电极线组成。

2. 工作原理

工作时高电压专用控制器通电产生高压电，高压电通过电极线在舍内形成静电场，将舍内空气分子电离为正离子和电子，从而使粉尘粒子带电吸附的降尘方法。

3. 机具分类

物理降尘设备如图 5-7 所示。

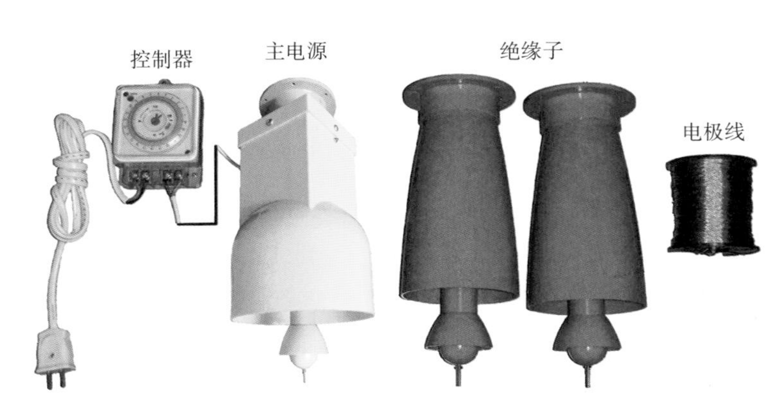

图 5-7　物理降尘设备

三、操作规范

（1）待安装结束后，首先检查电极线周边是否其他物件与电极线相接触（短路）或相距较近（距离小于 100mm 可视为短路），如有必须清除；其次检查主电源接地是否良好，如地线有虚接或易被移动物体碰断之处应立即按照规范处理检查后确认没有短路现象；最后进入调试程序。

（2）将高电压专用定时器的位置开关推到恒定测设置位置“TIME NOW”，并随后接通电源检测绝缘子 / 电极线网络是否带电。检查方式可采用带有氖泡的电笔、万用表、高压指示器进行带电与否检测。电笔或万用表一测笔距电极线 40~60mm 时应有发光和数字显示，否则检查线路是否有未接通之处。也可采用感觉测试，即用手靠近绝缘子螺丝头（60~80mm）有凉风袭来，注意千万不能直接触碰绝缘子螺丝头或电极线。设备工作后，检测系统工作方式是否按高电压专用定时器设定的时间顺序工作。

（3）在调试成功后利用塑料袋或膜将主电源和高电压专用定时器面板包裹严密，严防喷雾清洗圈舍时进水。

（4）如果系统一直不工作，首先看高电压专用定时器是否在工作状态，如在工作状态利用验电笔检测高电压专用定时器是否有220V输出，如果有电则排除高电压专用控制器的问题，可初步判断主电源损坏。如果没有可将位置开关滑动转换恒定测设置位置“TIME NOW”，然后再观察电极线是否带电。

（5）如果高电压专用定时器设置在测试的恒定工作“TIME NOW”状态下，电极线没有高电压，这时应将电源关掉并将带线绝缘子与其他绝缘子连接的电极线断开，在启动电源如带线绝缘子顶部螺丝有强烈的放电声则可断定后端电极线有短路的地方，这时要看是否有蜘蛛网、铁丝、电线或其它物体靠在了电极线上，如有必须清理。如果带线绝缘子无放电则应判断主电源损坏。

（6）绝缘子需要每月清洗一次。每次清洗需要关掉电源进行，清洗时务必将绝缘子表面上的灰尘以及绝缘子防尘罩内部污染物清洗掉。

（7）每天必须观察是否有绳线、铁丝、木杆、金属构件、蜘蛛网等异物触碰了电极线或过于接近电极线（100mm以内），如有必须清理并达到安全距离，即异物距电极线应大于100mm。

四、质量标准

依据GB16297 –2017大气污染物综合排放标准（图5–7）。

表5–7　大气污染物综合排放标准

序号	项　目	缓冲区	场　区	舍　区			
				禽　舍		猪舍	牛舍
				雏	成		
1	氨气，mg/m^3	2	5	10	15	25	20
2	硫化氢，mg/m^3	1	2	2	10	10	8
3	二氧化碳，mg/m^3	380	750	1 500		1 500	1 500
4	PM10，mg/m^3	0.5	1	4		1	2
5	TSP，mg/m^3	1	2	8		3	4
6	恶臭，稀释倍数	40	50	70		70	70

第六章 畜产品采集处理环机械化技术

第一节 蛋品分级机械化技术

一、技术内容

鸡蛋分级机是一种用于将蛋品进行分级的设备。主要由机架、上蛋系统、输送系统、分级系统、控制系统等组成。上蛋系统通过输送系统将蛋品输送至分级系统，分级系统根据控制系统事先设定的蛋重级别对蛋品进行分级，且分送到不同的收集筐中。蛋品分级设备具有性能可靠、操作方便，效率高、分级过程中蛋品不易破碎的特点。可以和鸡蛋消毒设备、洗蛋机、鸡蛋光检设备配合使用，也可以单独使用。适用于蛋鸡养殖场、孵化场。

（1）将整筐蛋品倒入水槽中进行水中上蛋，蛋品通过输送链自动爬坡输送，输送过程中自动调整蛋的位置。

（2）在输送过程中经清水高压喷淋，可对喷淋液加温，对蛋表面进行清洗。

（3）经清水喷淋完后需进行毛刷清洗，蛋在传送过程中同时保证自转，并利用毛刷对蛋进行全方位刷洗。

（4）毛刷清洗完毕后应进入水槽实现水中接蛋，水槽内可放置接蛋筐收集洗好的蛋。

二、装备配套

1. 结构组成

蛋品分级机主要由气吸式集蛋和传输设备、清洗消毒机、干燥上膜机、分级

包装机、打码机、生产线自控系统和其他设备组成。根据处理工艺流程可分为集蛋－清洗、消毒－干燥－上保鲜膜－分级、包装－打码－恒温保鲜。洁蛋生产涉及到的相关设备主要有：集蛋传输设备、清洗消毒机、干燥上膜机、分级包装机和喷码机。先进的蛋品分级设备可以实现对禽蛋进行全自动高精度无破损的单个处理和分级包装，并对整个生产环节进行恒温控制。蛋品分级机可适用于鲜鸡蛋、鲜鸭蛋、咸鸭蛋的分级处理。

2. 工作原理

鸡蛋从鸡舍由输送带直接传送出来，通过传送带和托盘进行输送。输送的鸡蛋进入清洗消毒机进行消毒处理，清洗消毒采用毛刷对鸡蛋进行清洗，可以配合自动打蛋机或者自动包装机一起使用，同时还有配套的清洗消毒设备和紫外线杀菌系统可供选择，保证鸡蛋生产的卫生安全。干燥机是采用将鸡蛋旋转的方法来干燥，在干燥后的鸡蛋上通过喷的方式涂腊或者其他的保鲜剂。分级包装机是根据鸡蛋重量指标，进行分级和包装作业，分级机都配有很多可选配的功能系统，如可添加裂缝检测系统、脏蛋、破蛋检测系统、血班检测系统等来实现分级。

3. 机具分类

如图 6-1 所示。

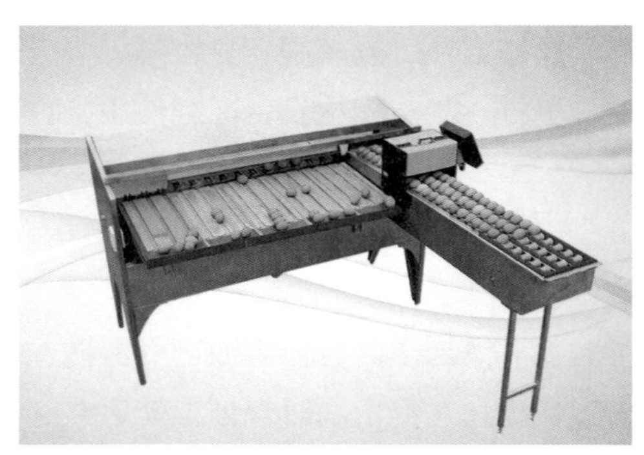

蛋品分级机

自动化蛋品分级机

图 6-1　蛋品分级机

三、操作规范

（1）分级机使用完毕后需要先进行清理和检查，防止长时间内设备污染锈蚀。

（2）完全停机后清理擦拭设备表面，做到无蛋壳、蛋液及杂物残留，严禁水冲。

（3）擦拭分级机全部传送带，需开启传送带擦拭时，由技术员执行，做到无蛋壳、蛋液残留，湿布擦拭，严禁水冲。

（4）擦拭分级机外壳不锈钢部分，不含外露电机、电线，做到无手印、水印、尘土、蛋壳及蛋液，湿布擦拭，严禁水冲。

（5）擦拭包装头内部，打开包装头顶部分级机盖，检查黑色旋钮两侧突出金属杆拔出凹槽，搬起包装头，做到无蛋壳、蛋液残留，干布擦拭，严禁用水冲。

（6）检查并清理称重系统，将半自动照蛋室与分级机驱动链条之间的顶盖打开，用毛刷擦拭黑色塑料称重托盘，严禁用水冲。

四、质量标准

依据技术参数见表 6–1。

表 6–1　蛋品分级机技术指标

序号	项　　目	质量指标要求
1	噪声，dB（A）	≤ 85
2	损伤率，%	≤ 5%
3	分级合格率，%	≥ 95
4	轴承温升，℃	≤ 20

第二节　挤奶机械化技术

一、技术内容

挤奶机械作业是奶牛饲养场一项重要的作业环节，其工作量约占总工作量的一半以上。挤奶作业实现机械化或自动化，可提高劳动生产率，提高奶牛健康水平，可提高产奶量。挤奶机利用真空装置产生的抽吸作用，模拟犊牛（羊）的吸奶动作，将牛（羊）奶吸出的机械设备。

（1）挤奶前应观察或触摸乳房外表是否有红、肿、热、痛症状或创伤。然后用温水清洗乳房和乳头，并用毛巾按摩，一般情况下，当刺激 45 秒钟之后，乳房开始发胀，偶尔乳头有乳漏出，这表示母牛已经排乳。然后将每个乳区的第一

把乳挤到带有黑罩的杯子中，以检查有无乳房炎发生，防止乳腺炎奶混入正常乳中。

（2）凡与挤奶接触的一切器皿，在日常清洗和消毒的基础上，还需用氯浓度 200mg/L 食品级消毒液对器皿消毒，用符合饮用水卫生标准的清洁水洗干净器皿。

（3）通常在擦洗或按摩 1min（不宜超过 1.5 min）后，必须套挤乳杯，开始挤乳。由于大多数母牛排乳时间为 4~7min，所以挤乳最好在 4~7 min 内完成。机器挤乳都是利用真空抽吸的作用将牛奶吸出的，挤奶时 4 个乳嘴分别套在乳房的 4 个乳头上。按照工作过程，挤奶器可分为二节拍和三节拍两种不同方式进行挤奶。

（4）二节拍式挤奶器工作时有吸吮和压挤两个节拍。在吸吮节拍时，乳头室和橡胶内套都为真空，橡胶筒处于正常状态，由于乳房内部和乳头室的压力差，使乳头括约肌开放，牛奶被吸入乳头室，并由此进入奶筒。在压挤节拍时，乳头室仍为真空，橡皮内套进入了空气，橡胶筒在橡胶内套和乳头室之间的压力差作用下，对乳头进行压挤，使乳头括约肌关闭，牛奶停止流出。对乳头压挤，起到按摩刺激作用，有利于恢复乳头血液流通和增加排乳反应刺激。

（5）二节拍式挤奶器的脉动频率为每分钟 60 次，工作时的真空度为 46.66~50.66kPa，吸吮和压挤节拍的比例为 1∶1~3∶1。二节拍式挤奶器只有吸吮、压挤两个节拍交替进行，速度快、有较高的生产率。但在挤奶过程中，乳头经常处于真空压力作用下，不能得到应有的休息，如乳嘴不能及时取下，易引起乳房疾病。

（6）三节拍式挤奶器工作时，在吸吮和压挤两个节拍之后还增加了一个休息节拍。此时乳嘴的乳头室和橡胶内套均为大气压力。由于橡胶筒内外压力相等，所以橡胶筒又恢复到正常状态，停止压挤乳头，乳头在正常大气压力下，较易恢复血液循环。

（7）三节拍式挤奶器的脉动频率为每分钟 40~70 次，工作时的真空度为 46.66~50.66kPa，吸吮、压挤和休息三个节拍的比例为 60∶10∶30。三节拍式挤奶器挤奶时较符合小牛的自然吸奶过程，不易引起乳房疾病。但由于增加了休息节拍，挤奶速度要比二节拍低，有时乳嘴易在休息节拍中扶乳头上落下而影响工作。

（8）无论采用何种方式挤奶，一定要挤干净。挤奶工人通常习惯于用一只手压低乳杯，并用另一只手向下按摩，必须注意这个过程一般不应超过 20s。

（9）挤完奶后，挤奶设备要进行日常清洗保养，包括预冲洗、碱洗、酸洗和清洗。预冲洗不用任何清洗剂，只用符合饮用水卫生标准的软性水冲洗。预冲洗时间是在挤完牛奶后马上进行，否则当室内温度低于牛体温时，管道中的残留物会发生硬化，使冲洗更困难。预冲洗的水温太低会使牛奶中脂肪凝固，而太高会使蛋白质变质，因此水温在35~36℃最佳。预冲洗的水不能循环，用水量以冲洗后水变清为止。

（10）碱洗每次挤奶完毕经预冲洗后，接着进行碱洗，循环清洗5min。若挤奶台连续挤奶，每日碱洗至少2次。碱洗开始温度应在74℃以上，循环后水温不能低于41℃。碱洗液pH值为11.5，在决定碱洗液浓度时，首先要考虑水的pH值和水的硬度。

（11）酸洗主要目的是清洗管道中残留的矿物质，每周一次，挤奶台每天一次。酸洗水的温度为35~36℃，酸洗时间为循环酸洗5min，酸洗液pH值为4.5。

（12）清洗挤奶一结束，拆散挤奶器，马上用温水清洗一遍，然后按浓度加入碱液，用刷子刷洗每个零件；按浓度加入酸液，再进行酸洗后晾干各零件。为提高各种管道的清洗效果，可升高真空度，使水流速超过1.5m/s。在自动清洗装置中增设一个清洗喷射器，使水形成浪涌式湍流，可提高清洗效果。

二、装备配套

1. 结构组成

挤奶机由真空泵和挤奶器两大部分组成。前者主要包括真空泵、电动机、真空罐、真空调节器、真空压力表等；后者由挤奶桶、搏动器（或脉动器）、集乳器、挤奶杯和一些导管及橡皮管所组成。每套挤奶机包括8~10副挤奶器，足供100~120头母牛挤奶之用。新式的管道式挤奶机，没有挤奶桶，乳汁由挤奶杯通过挤乳器，由管道直接流人贮奶罐，与外界完全隔绝；且能根据乳流自动调节挤奶杯的真空压力，挤净后可自动脱落，不致“放空车”。按结构类型划分，挤奶机主要有提桶式、移动式、管道式、鱼骨式、转台式和坑道式几种。

2. 工作原理

机器挤奶的本质就是真空挤奶，挤奶机通过模仿犊牛吮奶的生理动作，由真空泵产生负压，真空调节阀控制挤奶系统的真空度，脉动器产生挤奶和休息节拍，空气通过集乳器小孔进入集乳器，以帮助把牛奶从集乳器输送到牛奶管道中。挤奶机适用于身体健康、乳房结构良好和奶牛乳头大小匀称并且长短粗细适宜的奶牛。使用机械挤奶，奶牛的健康是最重要的。奶牛不健康，就不能挤出高质量的牛奶。例如，在奶牛产犊之后其体质较差，乳房水肿未消除的时候就不能使用机械挤奶，应尽量采用手工挤奶，避免机械挤奶损伤乳头。

3. 机具分类

常用的挤奶机有移动式挤奶机、管道式挤奶机、盘式挤奶机、鱼骨式挤奶机等（图 6–2）。

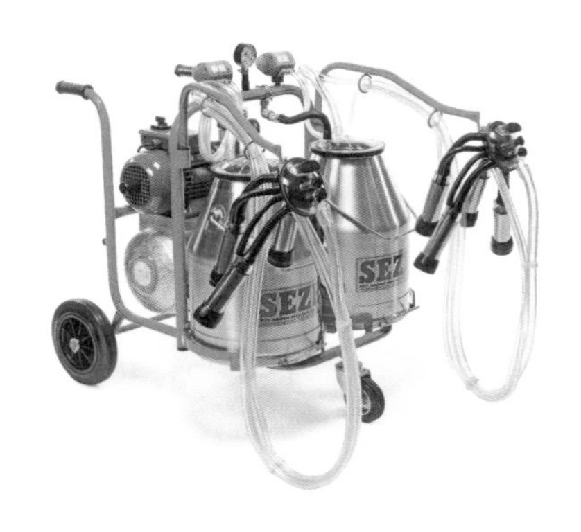

移动式挤奶机

管道式挤奶机

盘式挤奶机

鱼骨式挤奶机

图 6–2　挤奶机

三、操作规范

（1）挤奶前，应认真做好挤奶设备的清洗和消毒工作，以保证所挤牛奶的质量。

（2）挤奶前，应观察和触摸乳房外表是否有红肿、热痛和创伤。应把每个乳区的第一把奶挤入带面网的杯子中（挤奶台可直接挤在地面上），检查牛奶中是否有凝块、絮状和水样，可及时发现临床乳腺炎，防止乳腺炎奶混入正常奶中。

（3）挤奶工人必须相对稳定，同时对牛的态度要温和，绝对不能打牛，以免养成恶癖。

（4）挤奶器的乳嘴橡胶，应有足够的弹性和适合的尺寸，以适应乳牛不同大小的乳头使用。

（5）挤奶器不应对乳牛有任何有害的刺激，以免影响乳牛的乳房健康和正常排乳。

（6）挤奶时，对初胎乳头过小的乳牛，乳头括约肌过紧，挤奶时应耐心，并需经必要的训练。

（7）冬天和春天解冻时挤奶，如有乳头开裂，每次挤奶后可涂以硼酸乳膏，禁止使用凡士林涂抹乳头。

（8）挤奶时，有下列情况的乳牛所挤出的牛奶应另行处理，不得供人饮用：患乳房炎的牛奶，细菌和体细胞含量高、有异味的牛奶；患酮病的牛奶味异常的牛奶；分娩前的胎乳和分娩后的初乳。

（9）挤奶时间不宜超过7min，因为牛乳已完全消失，如再对乳头过多拉扯，会激怒母牛不再配合，以致造成挤奶困难。

（10）挤奶一定要挤净，否则影响产乳量，降低乳脂率，容易引发乳房炎和其他疾病。但分娩后头几天的母牛，由于乳房内血液循环及乳腺泡的控制调节尚未正常，一般可不将牛乳全部挤净。

（11）注重乳牛和挤奶员的清洁卫生。使用挤奶机挤奶时，如不清洁牛体，乳牛的皮肤、腹部、尾毛附着的大量细菌和脏物易落入牛乳中；在挤奶时，如挤奶员患有传染病，手及衣服不清洁，或在接触牛体、污物后去挤奶，都会使牛奶污染。因此，机器挤奶时必须注意乳牛和挤奶员的清洁卫生及消毒工作，以防止污染牛乳。

（12）为保证挤奶机始终处于良好的工作状态，因此，必须对挤奶机定期进行维护保养。

（13）每次挤奶完毕及时清洗部件，应及时清洗牛奶经过的所有部件。先用清水冲洗，然后放入热洗涤剂（温度70℃，含碱1%），用毛刷进行洗涤，最后用80℃的热水清洗干净，晾干备用。

（14）清洗、检查橡胶套奶杯内的橡胶套应拆出清洗，但水温不宜过高，以防其变形，同时要检查橡胶套是否完好，发现有漏气现象，应立即更换。

（15）检查集乳器集乳器经过清洗后，在装配时应检查橡胶垫圈是否完好，四壁上的小孔是否与大气相通。

（16）检查玻璃视管奶罐盖上的玻璃视管和进孔开关，在清洗过程中要小心轻放，避免损坏，装配后不得漏气，若检查出漏气，应换新件。

（17）检修脉动器脉动器和真空软管每周要拆洗一次，并检查脉动器的橡胶薄膜是否完好，器壁上的小孔是否与大气相通。装配好后，按照 40~70 次 /min 的脉动频率调节好，以备使用。脉动器加油需按产品说明书规定要求进行 。

（18）及时更换输奶管输奶管用了一段时间要更换，否则，弹性差挤奶困难，表面有微小裂隙的输奶管会残留奶垢，导致细菌大量繁殖。

（19）每周检查奶泵止回阀如止回阀膜片断裂，空气就会进入奶泵，为便于保养更换，因此，要有一个奶泵止回阀备用。

（20）每月检查清洁真空调节器、传感器和真空泵皮带，用湿布擦净真空调节器的阀、座；用肥皂液洗清传感器过滤网，晾干后再装上；用拇指按压皮带应有 1.25cm 的张度，皮带磨损或损坏应及时更换。

（21）真空表安装在真空管道上，要经常擦拭真空表表面灰尘，检查表面玻璃有无破损，指针计量是否精确。

（22）电动机是挤奶机的动力源，因此要每周清除机壳外污尘一次，并按产品说明书规定按时给电动机加注润滑油、润滑脂。

四、质量标准

依据 GB/T8187—2011 挤奶设备，试验指标见表 6-2。

表 6-2　挤奶设备技术指标

序号	项　目	最小采样率（Hz）	质量指标要求（kPa/s）
1	集乳罐和挤奶设备空机测试	24	100
2	测试脉动器	100	1 000
3	挤奶管道模拟测试或挤奶测试	48	1 000
4	集乳器模拟测试或挤奶测试	63	1 000
5	短奶管模拟测试或挤奶测试	170	2 500
6	挤奶时内套滑动短奶管真空度变化测试	1 000	22 000
7	挤奶时奶杯踢落短奶管真空度变化测试	2 500	42 000

第三节　生鲜乳冷藏机械化技术

一、技术内容

（1）与乳直接接触的内胆以及所有辅助设备的材料均应选择奥氏体不锈钢或者由相关权威机构推荐的材料。材料的性能等级应不低于GB/T3280要求的0Cr18Ni9。特别要关注可焊性和耐腐蚀性，所有接缝处均应焊牢并磨光，且焊缝强度和抗腐蚀性不低于基体材料。不锈钢表面粗糙度Ra ≤ 1.0pm，Ra的定义见GB/T1031。密封材料应耐脂肪、无毒，在正常剂量和温度条件下，应耐清洗剂和耐消毒剂，且不污染乳。

（2）乳罐及辅助设备的设计应保证有足够的机械强度，以满足运输和装卸要求，并能满足正常工况及安全运行要求。结构设计应防止乳受到污染、乳罐及辅助设备材料被腐蚀，且易于清洗、消毒和检查。

内胆的额定容量应设计为最大容量的90%~95%。内胆内壁所有小于2.36rad（135°）的内角，其圆角半径应不小于25mm。不小于135°的内角，圆角半径应不小于3mm。凡内胆内部的永久性附件均应焊接牢固，焊缝圆角半径应不小于6mm，其角度应不小于1.57rad（90°）。对不满足上述要求的所有部件应能拆卸。如果乳罐安装有自动或半自动清洁设备，在按照生产商提供的使用说明书使用该设备时，应确保内胆内部所有表面都可得到有效清洗。乳罐安装有经有关权威部门校准的线性乳量计量设备，在正常的运输和使用过程中，内胆的结构和支撑应是刚性的，以免变形。

外壳应有足够的刚性，应能防止水的浸入并能自由排液。

保温层在使用、运输和检修过程中不应产生脱落或移位。应有适当的措施，确保保温层始终符合要求。

只要各支撑之间地面下降量不大于50mm，在任意方向坡度不大于1∶50的地面安装没有固定基座的乳罐时，乳罐应配备可调支撑或支脚以便于将其安置于基准位置。乳罐安装要经有关权威部门校准的线性乳量计量设备，乳罐调至基准位置后支撑或支脚应可靠固定。

乳罐与地面之间的距离应符合以下条件：当乳罐安装于水平地面时，底部

（除支撑或支脚，以及出口管外）应高于与水平面呈 1∶10 的坡度的两个假想平面，且（两个假想平面）相交线（在水平方向上）高出地面 100mm。如果乳罐安装在固定基座上，则不适用上述要求，但应采用预防措施，保证水不进入乳罐和底座之间。这些要求不适用装有移动装置的乳罐。

乳罐应配有一个或几个具有密封功能的、能够覆盖内胆口的向下卷边的自动排水盖板。盖板应便于乳的检查和取样。乳罐的结构应能保证不必卸下上盖板即可注入乳液。需要由内胆支撑的所有过桥或支架，应焊接在内胆上。过桥或支架上卷边的高度应不小于 10mm，并且倾斜以利于内胆排水。凡与过桥永久性连接的部件均应焊接在过桥上。盖板、过桥上的所有孔眼都应有向上的卷边，孔径为 70mm 以下时，其卷边高度应不小于 5mm。孔径超过 70mm 时，其卷边高度应不小于 10mm。每个孔眼都应配置一个重叠式或导流式盖板。对于人工清洗的乳罐，其盖板应能完全打开，以便于清洗各个零部件。铰链式盖板在打开位置时应配有安全支架。清洗时，应采取适当措施确保操作人员的安全。对于非人工清洗的乳罐，盖板的尺寸设计应保证能对与乳直接接触的所有部件进行检查，这类乳罐至少应有一个尺寸不小于 400mm × 300mm 椭圆形开口。对内胆的最大内部尺寸（包括对角线）不超过 700mm 的小型乳罐，盖板上至少应有一个孔，孔径应不小于 180mm。

搅拌器的结构应能确保乳液不受外物污染。搅拌器运动部件不应与操作人员直接接触。应采取下列防护措施。

对于安装在冷藏乳罐盖板上或浸入式冷却器盖板上的搅拌器，叶片外端切向力大于 50N，或圆周速度大于 1.8m/s 时，应设置专用装置，当乳罐盖板打开时，搅拌器应自动停止工作；对乳罐盖板打开时不能自动停止工作的乳罐，需在盖板明显的部位标明：“在盖板打开以前，停止搅拌器工作”的安全标志；

除搅拌器叶片和清洗系统的附件外，搅拌器轴上不应有突起部件。搅拌器叶片和清洗部件也不应有锐利边角。

搅拌器的结构应便于清洗，如果乳罐装有自动或半自动清洗装置，在按照制造厂的说明书使用这些装置时，应确保对搅拌器进行有效的清洗。搅拌器联轴节最低点应位于最大容量时乳平面上方至少 30mm 处。搅拌器轴密封件结构应坚固可靠，应防止冷凝水汽、油和其他易污染物质进入内胆。

每个乳罐应至少配有一个输入管或一个注入孔，或两者皆有。入口管道是乳罐的一部分，其设计应尽量防止加乳时形成泡沫。用于灌注的乳入口，孔径应大于180mm。

乳罐应有一个排出清洗液的排液口。排液口和内胆底部的设计要确保清洗液从排液口排泄干净。当排液口既是清洗液的出口又是乳的出口时，应符合下列要求。

排出管外端内侧的最高点，包括出口阀，应低于内胆底部的最低点。

出口管应采用不锈钢材料，其内径为50mm ± 3mm。出口管的弯曲处和接头数应不超过一个。没有出口阀的排出管，都应配置一个外螺纹接头和螺帽，出口管应尽量短。

出口接头与地面的间隙应不小于100mm。

当使用管塞–拉杆装置时，当拉杆关闭时管塞应夹紧到位。在拉杆打开时拉杆不应与乳搅拌器接触，并不干扰乳的排出。

当乳罐位于基准位置，且装有40L的乳，在重力作用下，每1min应至少排出39.8L的乳。

为了避免过量空气吸入乳罐，设计时应考虑乳能快速向排液口流动，应进行动态排液试验。符合下述要求的乳罐不要求进行该试验。

（1）乳罐在基准位置时，矩形乳罐对排液口的倾斜度不小于1∶20，立式圆柱形乳罐直径方向对排液口的倾斜度不小于1∶15。

（2）乳罐应有一个圆形或椭圆形排液口，其深度不小于25mm，直径为100~20mm。

真空罐应满足罐内真空度为80kPa（0.8bar），即绝对压力近似为20kPa（0.2bar）的性能要求。当密封的真空罐内真空度为50kPa（0.5bar），无论搅拌器处于静止还是作业状态，每分钟允许进气量均不能超过5L。

冰贮罐的设计应满足当冰贮控制器发生故障时，无论其内胆还是外壳均不应受到损坏。装冷却水的容器尺寸应确保冰贮控制系统和循环系统能正常工作，形成充足的冰以有效地冷却二次挤乳罐额定容积60%的乳，或四次挤乳罐额定容积30%的乳。即使不用冷却系统进一步冷却，也能使温度由35℃降到4℃。冰贮罐应能保证在整个蒸发器表面上形成有规则的冰。采取适当的措施以便对冰贮罐进行必要的检查。冷却水容器的设计应方便水的更换。

容积为额定容量的10%~100%，温度在0~35℃时，乳温控制器应满足使用要求。乳温控制器应能满足：内胆内部温度从–10~70℃的温度变化；环境温度从–10℃到规定的安全操作温度（SOT）的温度变化的要求。应采取措施确保在

开始加入第二次及后续乳之后及时冷却。

冰贮罐应装有独立控制冷凝器的装置，该装置可自动控制冰量，并当环境温度处于 -10℃到规定的安全操作温度时，能正常工作。因此，当乳的容量在额定容量的 10%~100% 的范围内时，冰贮量能满足要求。为了保护设备的有效功能，该控制装置应确保冷却水容器上不形成过量的冰。

至少应提供 1 个有 OFF 标记的选择开关。除了搅拌器应在冷却和贮藏期间连续运行或有自动延时功能外，搅拌器和直接冷却系统的冷凝装置，或间接冷却系统的冷却介质循环运转应配合正常，并且可由乳温控制器自动控制。还应设置一个手动开关。对间接冷却系统，由冰贮罐控制器或冷却介质恒温器自动控制冷凝器的工作，还应设置一个手动开关。

除不经额外搅拌就可取样的乳罐外，均应设置定时开关，以便单独控制搅拌器的运转，运转时间不少于 2min。自动延时的乳温控制器可使搅拌器启动，其延迟时间为从乳罐首次充满直到乳温度降低至预定值为止。搅拌器启动应设计有自动复位功能。为实现预定时间间隔内预定阶段搅拌器的单独运转，可设置一个定时开关。在自动清洗期间，应采取措施保证搅拌器能正常运转。

每一个乳罐都应至少配有一个乳温测量仪，可测量乳量在 10%~100% 额定容量范围内的乳温。如果使用可拆卸的乳温测量仪，应将其悬挂于最高乳液面之上且方便使用。不建议使用玻璃温度计。若采用玻璃温度计时，应配有防护罩，防止乳与玻璃直接接触。乳温测量仪应符合要求，并应有效地防止尘埃及液体进入该仪器。乳温测量仪应能满足内胆内部温度从 -10~70℃的变化及环境温度从 -10℃到规定的安全操作温度（SOT）变化的要求。

乳温测量仪不应穿过内胆。乳温测量仪应有清晰可见的刻度尺，安装在倒空乳罐的一侧。温度标尺单位为摄氏度，在刻度值为 12℃以下，每 1℃为 1 刻度，至少应从 0℃标定到 40℃。2~12℃范围内标尺长度不小于 20mm。装有环形刻度标尺的乳温测量仪，温度由指针尖端沿着圆周方向指示读数或沿圆周方向刻度行程最外端指示读数。数字显示器显示的数字高度应不小于 6mm。当环境温度为 5℃到规定工作温度（PT），乳温度变化率不大于 10℃ /h 时，在 2~12℃的范围内，乳温测量仪的误差应不大于 1℃。

如果乳罐装有测量乳容量的指示器，则应符合标准要求。乳位指示器刻度范围为：额定容量的 10%~100% 和大于额定容量的刻度。指示器上每一刻度表示的容量应不大于额定容量的 0.5%。

二、装备配套

1. 结构组成

冷藏罐适用于各类液态物料的降温冷却，可用于生鲜乳的降温冷藏，温度范围为 2~40℃。主要用于原奶的冷却，贮存保鲜，使被冷却原奶迅速降至所需温度，并持续保持恒温，防止细菌繁殖产生。冷藏罐主要由压缩机、风冷凝器、冷却保温罐、电控箱、搅拌机等部件组成。型号有 1t、3t、6t 等不同的系列。

2. 工作原理

在压缩机的高压排气口与低压吸气口处分别接有高压排气阀和低压吸气阀，其作用是便于对压缩机和制冷系统进行检测和检修时连接控制仪表。低压吸气阀关闭状态可为制冷系统加压，向系统充灌制冷剂时，低压吸气阀应置于三通状态。在冷凝器与干燥过滤器之间装有一个贮液罐，罐上安装有直接式截止阀。当冷藏柜长期停用时，可关闭截止阀，使制冷剂贮存于罐中。在过滤器与蒸发器之间接有热力膨胀阀，用来节流和降压，盘管式蒸发器分布于板内侧面。

3. 机具分类

见图 6-3 所示。

小型生鲜乳冷藏罐

大型生鲜乳冷藏罐

图 6-3　生鲜乳冷藏罐

三、操作规范

（1）冷藏罐适用于各类液态物料的降温冷却，温度范围为 2~40℃。

（2）在搬运过程中应小心轻放，不得左右前后倾斜 30°，防止设备损坏。

（3）开箱前应查看有无损伤，核实箱号，开箱时注意勿碰伤设备。

（4）根据装箱清单清点全部件数，检查设备有否损伤。

（5）设备出厂已加入制冷剂，故运输和存放过程中不得随意打开阀门。

（6）设备应放置于室内，宽敞、空气流通性好，周围必须有 1m 以上的通风通道，及人员操作维修、保养通道。

（7）连接进出料管道，清洗罐内及管道。

（8）接通电源设备必须接地。

（9）往冷藏罐内加半罐清水，打开电控箱，接通电源。

（10）打开电源，确认面板无报警红灯闪烁，将压机 1 和压机 2 开关置于自动，启动制冷，确定转向正确。（机组风扇扇页上有转向指示箭头）

（11）开机运行，中间温度表显示温度，左右电流表显示压缩机电流。

（12）机组启动前应检查，罐内物料量应没过搅拌叶，制冷管道连接处是否冒油漏气。机组启动后应注意高低压力是否正常、降温速度是否正常，运转应无异常声音。

（13）使用工作范围及限制条件：为保护压缩机的安全、可靠和耐久，必须遵守下列工作范围及限制。工作电压必须在标定电压值 ±10%；相不平衡值必须在 3% 以下；维修时，不得使用压缩机作为制冷系统抽真空之用；制冷机组压缩机不能强制起动；开停至少应间隔 5min；高压表不得超过 2.8MPa，低压表不得低于 0.05MPa；停机后，不使用时，应清洗及排空，防止冬天冻结。

（14）冷藏罐应有专人管理，经常注意制冷系统的运转情况，做好运转记录，发现异常的情况应及时停止检修。

（15）制冷系统应每月一次检漏。发现渗漏要进一步全面检查并处理。

（16）检查高低压力控制器动作，压力指示位置是否有变动，元件是否有锈蚀或损坏等。

四、质量标准

依据 GB/T 10942—2017 散装乳冷藏罐性能要求。

第七章 畜禽养殖废弃物处理机械化技术

第一节　清粪机械化技术

一、技术内容

清粪机械技术是一种清理养殖禽舍粪便的机械清粪技术。使用清粪机械技术可减轻劳动强度，提高清粪效率，该技术设备操作简便、工作安全可靠、噪声小，对动物的行走、饲喂、休息不造成任何影响，运行成本低，可实现全天清粪。该技术设备也可用于公路、铁路、建筑、水电、港口、矿山等建设工程的土石方等散状物料收集、铲装、铲挖作业。

（1）使用前应检查减速机油箱，加注规定标号的润滑油，严禁无油开机。

（2）定期检查刮粪机角轮转动情况。如不转动应及时修理。防止刮粪机变形与跑偏。

（3）定期对转动部件、牵引绳加涂黄油，以延长使用寿命。

二、装备配套

1. 结构组成

清粪机由机架、动力机构、传动机构、亚麻绳、刮粪板、地脚螺栓、电器系统组成。机架：机架是由具有多年结构设计经验的工程师设计，结构合理，承载能力大，抗 冲击性强，结构不变形等优点。机架是采用国标钢材焊制而成。动力机构：行走动力系统由立式电机配先进的摆线针轮减速机或齿轮减速驱动实行，驱动无损耗，故障率低，寿命长并且运行平稳噪声小，减少噪声对鸡只的影响提高产蛋率。传动机构：由链轮、链条、主动绳轮、被动绳轮组成。链轮由 45# 钢材锻造，采用先进的数控设备加工后，经过高频热处理，充分的提高了链轮的强度和耐磨性。主动绳轮与被动绳轮采用先进的铸件工艺铸件而成。内部结构匀称，使用中耐磨性高，加工表面采用“U”形槽结构，各槽之间采用 R 弧过渡，减少绳的摩损。过渡轮内部安装高耐磨轴承，耐用度高，并采用下面多边轮的结构，加大绳与轮之间的摩擦力，大大解决了绳索掉槽、打滑的现象出现。另外，在过渡轮外面加装防护罩，大大防止了一些事故的发生。并可使用多种规格的牵引绳而不必更换绳轮的设计目的。亚麻绳：具有防腐、耐磨、坚韧、不易老化、抗拉伸，织成品透气性好、寿命长等特点。刮粪板：刮粪板采用标准 Q235 材料制做，表面喷漆或镀锌处理，具有防腐性高。 翻转灵活，翻转角度大，刮粪干净，故障率低等特点。

2. 工作原理

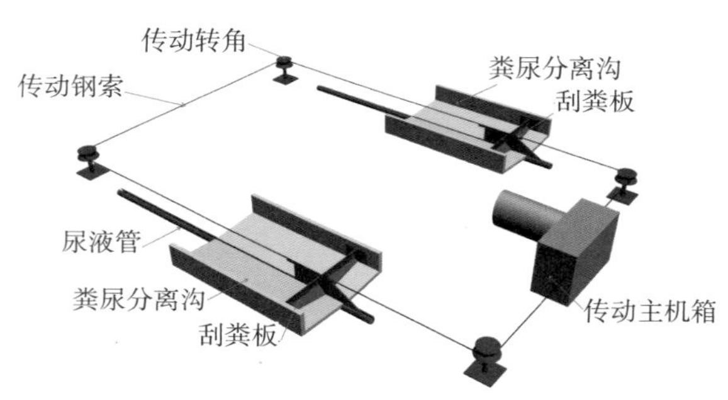

图 7-1　固定式刮粪机工作示意

工作原理是减速机输出轴通过链条或者三角皮带，将动力传到主驱动轮上，驱动轮和牵引绳张紧后的摩擦力做牵引，带动刮板往返运动，刮板工作时，由刮板上月牙滑块擦地自动落下，返回时自动抬起，完成清粪作业（图 7-1）。

3. 机具分类（图 7-2）

固定式刮粪机

移动式清粪机

图 7-2　清粪机械

三、操作规范

（1）操作人员在使用粪污收集机之前，必须认真仔细地阅读制造企业随机提供的使用维护说明书或操作维护保养手册，按资料规定的事项去做。否则会带来严重后果和不必要的损失。

（2）操作人员穿戴应符合安全要求，并穿戴必要的防护设施。

（3）在作业区域范围较小或危险区域，则必须在其范围内或危险点显示出警告标志。

（4）绝对严禁酒后或过度疲劳驾驶作业。

（5）维修设备需要举臂时，必须把举起的动臂垫牢，保证在任何维修情况下，动臂绝对不会落下。

（6）确保在启动发动机时，不得有人在车底下或靠近机械的地方工作，以确保出现意外时不会危及自己或他人的安全。

（7）安装、调整、维修、保养必须在关闭电源状态进行，确保安全。

（8）机器使用前或长期停用再启用，应按产品使用说明书规定进行调整和保养，在使用过程中，定期检查电器控制部件的可靠性和灵敏度。

（9）链条、三角带及牵引绳有伤手危险，机器工作时不得靠近。

四、质量标准

依据 DG11/T 44-2010 畜禽粪便处理设备如表 7-1 所示。

表 7-1　畜禽粪便处理设备指标

序号	项　目	质量指标要求
1	轴承温升，℃	≤ 20
2	工作噪声，dB（A）	≤ 70
3	清洁率，%（畜类粪便）	≥ 85
4	清洁率，%（禽类粪便）	≥ 95

第二节　固液分离机械化技术

一、技术内容

固液分离机械技术主要应用于各类集约化养殖场鸡、牛、猪等动物粪便固液分离。

（1）开机前应检查排污管路是否连接牢固。

（2）固液分离机一般正常使用时，每三个月要清洗一次筛网。清洗时，首先将卸料口螺栓取下。然后取出筛网，用清水将堵塞物清洗干净。

（3）根据所需物料含水率调整配重块的位置。

二、装备配套

1. 结构组成

固液分离机主要由机架、送料系统、挤压系统、控制系统。送料系统由切割泵、输送管、过滤装置组成，挤压系统由滤网、重锤、挤压腔体、电动机、管路组成。

2. 工作原理

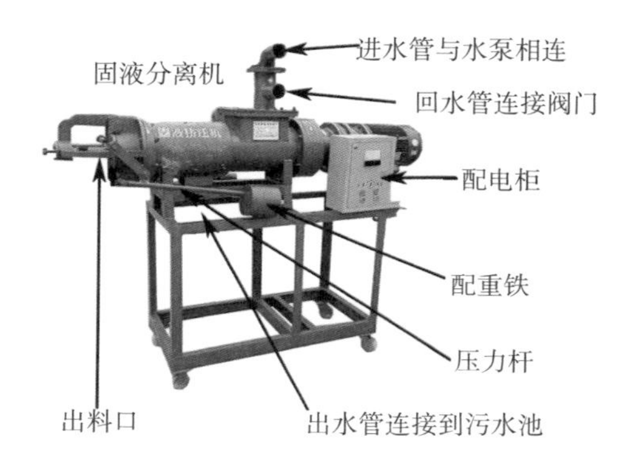

图 7-3　固液分离机结构示意图

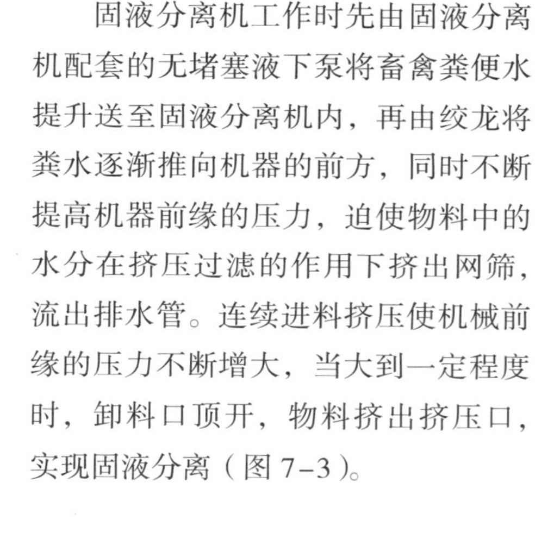

固液分离机工作时先由固液分离机配套的无堵塞液下泵将畜禽粪便水提升送至固液分离机内，再由绞龙将粪水逐渐推向机器的前方，同时不断提高机器前缘的压力，迫使物料中的水分在挤压过滤的作用下挤出网筛，流出排水管。连续进料挤压使机械前缘的压力不断增大，当大到一定程度时，卸料口顶开，物料挤出挤压口，实现固液分离（图 7-3）。

3. 机具分类（图 7-4）

圆筛式固液分离机

水力筛式固液分离机

图 7-4　固液分离机

三、操作规范

（1）养殖场应根据养殖规模大小，选择与养殖规模相匹配的固液分离机械设备。

（2）可根据养殖场的实际场地需求，选择地势较为平坦，排放管避免弯直角，减少排放流动阻力。利于输送粪液，利于分离后粪水的排放作业。

（3）开机试运行，确定螺旋轴转动方向正确。用含水率70%左右的物料渣或废报纸、布料等将机器的卸料口填实填满，然后调节配重块位置在最大的力矩上，以形成压力层。

四、质量标准

依据DG11/T 34-2010固液分离机（表7-2）。

表7-2　固液分离机质量指标

序　号	项　目	质量指标要求
1	单位处理量能耗，kW·h/m^3	≤ 0.2
2	噪声，dB（A）	≤ 85
3	分离后固形物含水率，%	≤ 80
4	固形物去除率，%	牛粪水≥ 50 猪粪水≥ 45 鸡粪水≥ 30

第三节　有机肥加工机械化技术

一、技术内容

有机肥加工技术是一种专门用于生产有机肥的机械技术。适用于处理含水率在70%左右的猪、牛、鸡等畜禽粪便。（搅龙翻抛式有机肥制作机）

工作条件：搅龙翻抛式有机肥制作机应在防雨、雪的棚室内使用，防水侵蚀，保证电气液压系统安全，延长机器使用寿命。物料中不应混杂砖头、石块、等硬质杂物。

二、装备配套

1. 结构组成

搅龙翻抛式有机肥制作机由纵向行走装置、横向行走装置、工作部件、液压系统和电气控制系统组成。液压系统由液压工作站、液压马达、液压油缸和管路组成。电气控制系统由电气控制箱、保护装置、行程开关和线路组成。

2. 工作原理

工作时，由电机驱动并由油缸控制升降的工作搅龙，以一定的倾斜角度伸入发酵池内。利用螺旋工作原理，将物料由发酵池底部向上升运并向后抛送，同时对物料进行搅拌、粉碎，实现充气、调温、调湿作用，为物料中微生物的活动创造适宜的环境。

纵横向行走装置工作时，液压马达驱动钢丝轮带动横向行走装置及工作部件搅龙作横向移动，到达运动终点时，碰撞行程开关，横向行走装置反向运动。纵向行走装置由液压马达作为动力驱动在发酵池上作纵向移动，纵向每次的位移量可以根据生产要求通过调整时间继电器的预置时间进行调节。纵向行走到终点后，碰撞行程开关运动停止。

3. 机具分类

如图 7–5 所示。

槽式有机肥加工机械

条垛式有机肥加工机械

罐式有机肥加工机械

图 7–5　有机肥加工机械

三、操作规范

（1）开机前，应确保机器前端位于物料外侧，距离物料堆 1m 以上。

（2）搅龙必须处于升起状态的终点位置。

（3）开机前检查机器的下方、侧面和轨道上无障碍物。

（4）机器工作和维修时，任何人不得进入机器下方，在机器侧面停留时应保持安全距离。

（5）从未翻抛过的粪便进行初次翻抛时，时间继电器定时设为2s。第二次以上翻抛时将时间继电器定时设为6s。在工作过程中也可根据生产要求进行时间继电器的时间调整。

（6）机器工作时出现行走定位失灵，遇到障碍物等异常情况时，应迅速按下紧急停止红色按钮，停止机器的各种动作。

（7）机器紧急停车或意外停电停车后，再次启动前需按下述方法首先将搅龙从物料中升起。将手动/自动功能的旋钮开关旋转到手动挡。按下大车功能的向后白色按钮，先操纵大车向后倒退10cm左右；按住搅龙油缸功能的升起绿色按钮，将搅龙升起5cm左右；这样连续操作5~10次直至搅龙从物料层中取出，并升起到最高位置。按下大车功能的向后白色按钮，大车向后运动到起始位置，重新开始工作。

（8）当回油过滤器滤芯堵塞、进油口压力达到0.35MPa时，警报器发出蜂鸣讯号，此时应停机更换滤芯。

（9）使用过程中严禁由于系统的发热而将空气滤清器拿掉。液压系统的工作温度应在 −30~60℃，超出此温度范围应停止工作。

（10）闭合电气控制箱的总电源和分电源后，紧急停车按钮红色灯不亮，机器警报灯不闪烁，应检查电源下方的熔断器，如熔化则可更换同型号熔断器。

（11）机器应指定专人操作、日常维修和保养。但液压、电气系统的维修应由专业修理人员进行。

（12）液压系统用油牌号为YA−N46（GB 2512−8）。油箱注油时，应从油箱盖上的空气滤清器口注入。注油量为机器进入运行状态后，油箱油位在标尺的2/3处。

（13）新设备启用一星期后，需将全部油液滤清一次，并用汽油清洗油箱和泵吸口滤油器。以后依据系统工作的情况3~6个月更换或过滤一次同牌号液压油。每次换液压油时，油箱要用汽油清洗一次。

（14）液压系统的各连接面、管路接头等处发现漏油现象时，应及时更换“O”形密封圈。

（15）初次使用前，将搅龙升起后向减速箱内加入的齿轮油（普通润滑油即可），加油量以到达观察油孔高度为准。使用两周后，更换减速箱内的同牌号齿

轮油，以后每年更换一次。更换齿轮油时应用汽油清洗减速箱。

（16）每月定期向小车驱动齿轮处和大车行走齿轮处加注润滑脂。

（17）每周检查小车的行程开关的作用可靠性。

将手动 / 自动功能的旋钮开关旋转到手动挡，启动小车或大车运行后，搬动小车或大车的限位行程开关，观察小车或大车是否停止。如不停止应更换同型号行程开关。检查行程开关挡块是否松动。如松动应紧固，并保证搅龙距离发酵池侧壁 10cm 的正确位置。

四、质量标准

依据畜禽粪便无害化处理技术规范 NY/T 1168—2006（表 7–3）。

表 7–3　畜禽粪便无害化处理质量指标

序号	项　　目	质量指标要求
1	蛔虫卵死亡率，%	≥ 95
2	粪大肠菌群数，个 /kg	≤ 105
3	苍蝇	有效控制苍蝇滋生，堆体周围没有活的蛆、蛹或新羽化的成蝇
4	发酵时间	发酵温度 45℃以上的时间不少于 14d

第四节　固体（厩肥）有机肥撒施机械化技术

一、技术内容

固体（厩肥）有机肥撒施机是一种用于大田、草场、牧场、农场等耕作前撒施底肥或种肥的固体肥料（包括堆肥、厩肥和粪肥等）撒施作业机械。适用范围广、作业效率高、撒施均匀。撒肥机可拆卸，且拆卸方便，在需要时可换装成大空间的后壁，把推送式撒肥机改装成推送式运输挂车，实现一车多用，提高整车的利用率。

（1）按照要求组装好设备，并进行作业前检查；检查拖拉机和固体（厩肥）有机肥撒施机的所有安全设备，确保其运转正常。

（2）连接固体（厩肥）有机肥撒施机与拖拉机的时候，先将拖拉机的牵引机构调整到正确的高度，然后将撒施机的牵引机构与拖拉机连接到一起，同时确保拖拉机的传动轴和拉杆之间有足够的转弯空间。当连接液压软管到拖拉机液压系统时，液压系统应处于无压状态。定期检查液压软管，如发现被损坏或老化，及时更换。

（3）连接拖拉机与撒施机的制动系统时，先连接黄色的连接头，然后连接制动软管的红色连接头。当分开时，第一取出红色连接头，然后是黄色的，切记不要记错顺序。连接后调节拖拉机的制动系统与撒施机（双线制动系统）的制动系统，使其保持协调一致。

（4）每次作业前需检查燃油、液压油等配备是否充足，查看各部件间润滑油是否到位。

（5）撒施机和拖拉机装配好后，田间生产作业开始前，必须在空载状态下进行试运行，检查试运行状态下的撒施机是否设置正常，如果发现异常及时处理，参照使用说明书修改设置。

（6）空载试运行检查没有问题后，开展撒施机场地试验，查看各部件运转是否正常，作业参数如作业幅宽、撒肥量、撒肥均匀性等是否达到生产要求。

二、装备配套

1. 结构组成

固体（厩肥）有机肥撒施机由车架、行走系统、肥厢、推送系统、撒肥装置、滑板、护罩、压力控制系统等组成。

2. 工作原理

工作时利用装载机械将有机肥装入肥厢，拖拉机牵引撒肥机到农田，利用液压系统打开护罩、打开滑板，结合动力输出轴使撒肥装置开始转动，启动推送系统，使有机肥向撒肥装置靠近。撒肥装置在动力输出轴的带动下开始旋转，将液压推送系统推过来的有机肥不断地抛撒在地面上，直至将肥厢内的有机肥全部抛撒完毕。然后切断动力输出轴，关闭护罩，推送系统退回起始位置，降下滑板，至此一个工作过程完毕。

3. 机具分类

固体有机肥撒施机按照抛撒方向的不同可分为侧向抛撒式和后部抛撒式。按照撒施装置的不同可分卧辊式、立辊式、圆盘式。

侧向抛撒式撒施机的肥箱成“V”形结构（即上宽下窄），在肥箱下部设有

侧向抛撒式有机肥撒施机　　后部抛撒式有机肥撒施机

图 7-6　有机肥撒施机

低速旋转的螺旋推送搅龙，负责将肥箱中的肥料输送给肥料抛撒器撒施。优点是抛撒面积大，可减少车辆在田间的往复次数，减轻土壤压实；缺点是施肥量变异系数大，受风的影响大，不适合含水率过低的肥料抛撒。另外，采用“V”形料箱设计，料箱一般窄且高，装料不便，加之内设输送搅龙占位，因此箱体有效容积小（容量 6~12m^3）。

卧辊式撒施机肥箱成方形结构。工作时送肥机构将肥箱内的肥料向后方输送给抛撒辊，高速旋转的抛撒辊将输送过来的肥料向后上方抛撒，同时击碎块状肥料。优点是能够保持施肥厚度均匀一致，施肥量变异系数小，施肥量大；缺点是撒施幅宽较窄，一般为 2~5 m。

立辊式撒施机的抛撒辊为竖直布置，通过叶片进行抛撒，立辊式撒施机优点是抛撒幅宽显著增加，施肥速度快，不易堵塞，施肥量变异系数介于侧向抛撒机与卧辊式抛撒机之间。

圆盘式撒施机肥箱成“V”形结构，抛撒部件（抛撒圆盘）位于肥箱尾端，工作时由螺旋搅龙或输送链板向后为抛撒圆盘送肥进行撒施。优点为抛撒幅宽较大，施肥量变异系数较低，缺点是撒肥量较小，适合肥量抛撒较少的地块。

三、操作规范

（1）在上路行驶之前，必须完全升起或收回支撑机构；必须关闭挡土闸门、降低和锁定后面板、关闭驱动轴；如果撒施机与拖车的液压管线是连接的，必须断开液压管路或锁定其驱动装置。

（2）当在公路上行驶时，为了确保拖车的转弯能力，必须检查拖车和撒施机之间的空间，确保撒施机与动力拖车之间有足够的用于调动、转向制动的空间，且各种操作受到拖车和配重的影响，请根据撒施机的重量合理安排配重。

（3）实时调整车速以适应道路环境。行进中下坡或穿越斜坡时，应避免突然转向，关闭差速锁，不要改变或脱离齿轮上的梯度；当转弯时，需要留意到撒施机的调伸长度 / 或摆动的重量，应避免过急、过快的转弯。

（4）田间正式作业之前，检查所有的工具和零件是否安全，引擎以外的东西从发动机附近移除，先激活工作车辆的车载液压系统的所有安全装置。由于液体的反冲，要确保液压线路松动有活动空间，以防止失控。

（5）该撒施机是由双动作控制装置操作，它由液压推送功能自动激活打开，停止作业时，从后面关闭撒施槽。

（6）作业过程中禁止非工作人员在作业区域内停留，且不要站在机具的转动和摆动区内。

（7）撒施机的作业能力受到装载重量的影响，严格按照使用说明书中的载重范围要求装载固体肥料，并对拖拉机配备相应的配重，按照相应的速度行驶。

（8）撒施机的肥料推送速度根据载重量进行调整，当载重过大时适当降低推送速度，以防止施肥车堵塞。

（9）不同的肥料，撒施的最大幅宽不同，最大可达到 12m。同时邻接行应保持 2~3m 的重叠，以确保肥料完全覆盖不漏施。

（10）确保滑动板以一个恒定的工作压力靠着撒施装置移动，可进行手动调整电位器，手动可调电位器位于前面板保护罩的后面（如果已安装），旋转调节螺钉到电位器的所需压力值。或通过电子电位器调整，在驾驶室内带上电子可调电位器，并且将其固定防止在运输过程中掉落下来，保证工作压力和滑动板的速度设定在恒定水平。

（11）脱开带有 ALB 规则的拖车后，必须检查行车制动器的功能。在与拖车分离时按下释放按钮连接制动系统，释放按钮自动返回到开始位置，操作行车制动器时，所有制动缸的制动轴移动，即可确保行车制动器正常。

（12）当驾驶撒施机时，请务必断开拖拉机上的单轮制动（锁定踏板）。

（13）下坡行驶前，换到低速档。

（14）在作业过程中，如发现任何部位制动发生故障时，立即关掉拖拉机处理故障。

（15）在撒施机首次田间作业 10h 后，检查各部位螺母和螺钉的情况，重新紧固，之后每运行 50h 检查一次。

（16）作业后完全清空撒施机，机器使用的前 4 周，只能用凉水或温水清理，水温不能高于 60°　。用清水简单冲洗整个机厢，喷头距离撒施机的距离至少为 4m。清洗完毕后关闭撒施机的所有滑动板和阀门，晾干存放。

（17）撒施机首次应用四个星期后，可用高压清洁剂清理其外部，延长机器的使用寿命。

（18）在干燥、无尘的地方存放传动轴。清洁驱动轴，并确保传动轴始终保持润滑。检查传动轴防护装置的情况，如有损坏立即更换。

（19）正确的维护有助于确保机器平稳和高效的作业，也利于延长机械的寿命。操作人员需在专业人士指导下或者进行专业培训后，可开展日常维护工作。在机械首次使用 10h 之内，检查各部位螺栓连接情况，清除粘连的异物。

（20）每次开车前检查刹车的功能，制动系统必须定期进行彻底检查。制动系统的调整和修理工作必须由专业的技术人员操作。

（21）短期或中期（2 年）存储，在指定的环境（干燥、无尘、有遮挡）中存放，仅需关机、机器清洁即可，无须特殊的保存措施。

（22）长期存储必须采取措施防止腐蚀。一是彻底清洁整个撒施机的内外，晾干撒施机；二是在撒施机外喷一层油漆作为保护层；三是在干燥、清洁、无锈的地方停放撒施机，并用篷布盖住防止灰尘等。

（23）严格按照使用说明书上所指定的重量和负荷操作，切勿超载作业。

（24）始终保持在拖车连接器允许的最大牵引负荷范围内作业。

（25）撒施机在道路上行驶之前，将所有部位调整到运输位置或运输模式。

（26）车辆停止时，需要正确锁定支撑轮。停放在支撑轮上的拖车不得运输或移动。

（27）停放拖车时，为使它停放稳定，需停放在硬地面上。如果地面是软的，需要增加支撑轮的支撑物。

（28）各配件必须选用符合厂家要求的产品。

（29）在车辆未停稳固定住时，任何人不得进入拖车与拖车之间的区域。

（30）当撒施机装载肥料时，禁止将机器停放在支撑装置上。

（31）固体有机肥撒施机只能用符合规定的设备连接，连接制动系统后要进行检查，确保推送式刹车系统是正常运转的。

（32）作业时，请确保传动联轴器是连接正确的，当传动轴被接通时，应避免传动急转弯。传动轴防护设备必须用链固定，以防止其转动。

（33）当发现液压泄漏时，切勿用手指关闭泄漏处，应使用适当的方式处理，或者请专业的技术人员进行液压系统的修理。液压油在高压下逸出可以穿透皮肤，造成严重的伤害，如果受伤，立即前往医院治疗。

（34）在清理机器的时候不要使用具有腐蚀性的清洁剂。清理时如发现油漆或者镀锌损坏，立即修理。

四、质量标准

依据 GB/T 25401—2010 农业机械 厩肥撒施机环保要求和试验方法（表 7–4）。

表 7–4 厩肥撒施机质量指标

序号	项　目	质量指标要求
1	总排量稳定性变异系数，%	≤ 7.8
2	断条率，%	≤ 2
3	施肥量偏差，kg/hm^2	≤ 15

第五节 液体有机肥撒施机械化技术

一、技术内容

液体有机肥撒施机主要应用于大型养殖场粪尿处理环节中发酵处理过的液态肥料在农田中撒施或沟施的一种农业机械。同时也可用于拉水抗旱，生活、工业污水运输等工作。

（1）根据机器操作手册规定安装罐车，连接制动装置，检查罐车制动系统是否运行正常。罐车与配套拖拉机连接安装时确保牵引杆上的螺栓是安全的。

（2）真空罐车与拖拉机的供电系统连接应用 7 芯连接器，电磁控制阀连接应用 3 芯或 2 芯连接器，根据通用标准和准则要求连接。电压及电流数据详见操作手册技术参数。

（3）检查拖拉机与真空罐车，确保罐车上所有的保护装置都安装到位，才可启动罐车。每次启动前，检查易损坏部件，并确保拖拉机与罐车连接处均连接正确。

（4）真空罐车的压缩空气系统连接器位于磁铁配置的背面。连接标准接头为

双线压缩空气制动系统，红色头为供应线，黄色头为刹车线。

（5）罐车液压软管到拖拉机液压接口时，液压应为零压力。罐车带有双作用液压系统，联接衬套和插头时，注意看标识防止操作失误，如果连接混乱，会导致功能颠倒，易发生事故。

（6）配套拖拉机应具有与罐车对应的制动系统（双线系统），行驶之前，刹车调节器的操作柄必须设置在罐车装载状态。当制动系统相连接时，首先连接黄色的连接头，然后连接制动软管的红色连接头，确保连接头正确安装。当断开时，断开红色和黄色的连接头，制动软管的连接头安装到操作柄的接头，并注意连接头不被污染。当制动连接操作时，真空罐车才可以行使。

（7）每次启动罐车前，检查压缩机油箱是否满箱。建议冷却系统始终装满防冻剂，确保冷却系统里没有空气，在冷却系统出现故障或异常情况时，必须降低压缩机的运行时间。

（8）机器启动前，检查驱动轴、压缩机油表、连接位置、溢流阀和减压阀是否正常，并检查保险丝是否正常。

（9）如首次启动机器，必须先熟悉所有的控制元件，检查装配情况、能源供应情况等，并在试验场地进行试车。如罐车长期停放后重新启动，需要进行如上同样的操作。

二、装备配套

1. 结构组成

液体有机肥撒施机是一种能够完成液肥地表撒施或地下深施作业的专用液体施肥机械，一般由罐体、抽吸装置、撒施装置、行走及平衡系统组成。

2. 工作原理

工作时连接拖拉机与罐车中间的传动轴，启动发动机，接合离合器控制手柄，开启真空泵待液罐内压力达到规定值时打开进液阀门，液体通过管道迅速进入罐体内。当液体达到液位计规定值时关闭进液阀门，卸下管道，将撒施机组转移至田地中，打开液压喷撒阀门，灌中的液体在正压力的作用下通过喷撒器排出并喷撒于地表，直至将灌中的液体撒完。

3. 机具分类

液体有机肥撒施机的喷撒方式有三种不同形式：第一种是高空喷撒式，利用气压将罐中的液肥排出，经过高空喷撒装置直接喷撒于地表。第二种是近地面喷撒式，利用气压将罐中的液肥排出，经过近地面喷撒装置直接喷撒于地表。第三种是注入式，利用气压将罐中的液肥排出，经过楔形开沟撒施装置将液肥注入土壤，并同时覆土，减少了机具对土表的扰动。液体有机肥撒施机可配备简单的手动接装抽吸管，又可配备液压控制的短型或长型抽吸臂，在撒施装置方面，既可配备简单喷嘴，又可配备 9~18 m喷灌软管及深松施肥器等，罐体容量可达 10~30m^3 以上（图 7–7）。

注入式液体有机肥撒施机

近地面喷撒式液体有机肥撒施机

图 7–7　液体有机肥撒施机

三、操作规范

（1）新购置的液体粪肥撒施机运输，需要由生产商组装并且在组装状态下运输。

（2）选择适宜的拖拉机与液体有机肥撒施机配套，同时需具有合适的牵引装置，且可根据罐车型号提供配套的电气及液压接口。

（3）在公共道路行驶前，应确保机器处于运输状态，支撑部件收回或关闭，关闭传动轴，释放罐中的超压和负压，用绳子或其他工具将吸入软管固定在软管存储部位。拖拉机液压接头和罐车液压接头应断开连接，锁定控制系统，关闭罐车制动设备。

（4）正式田间作业之前需开展田间机器调试与预试验。根据生产需要设定机器作业参数，进行调试与预实验，当施肥宽度、施肥量、施肥均匀性等可达到生产需要时，开展作业。

（5）当填充罐车时，操作人员连接吸入软管，放入搅拌均匀的液体肥料中，打开吸动阀，将压缩机转换到“吸入”状态启动拖拉机，打开输出传动轴。

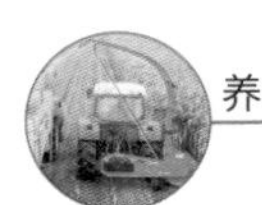

（6）卸空罐车，撒施肥完成后，将罐车内剩余液体肥料排出，压缩机转换到“排出”状态，打开液压控制的输出阀，启动拖拉机和压缩机，开始排空罐车。

（7）罐车的载重要严格按照操作说明书要求，确保不影响拖车前轴及制动器的工作效率。作业过程中排出液体肥料时，任何人不能站在作业区域内，以免发生危险。

（8）在罐车作业停歇阶段，如果没有安全工具防止其滚动，应使用手闸或垫木，任何人不得在拖车和真空罐车之间站立。由于罐车是自动翻转的，当使用手闸时，必须完全拉下手柄。

（9）施肥作业时，必须先建立超压，然后打开输出门。作业行进速度由施肥作业幅宽调节。罐中的超压不能超过 0.5Pa，不要操作安全阀，必须关闭压缩机。

（10）在作业过程中，如发现任何部位制动发生故障时，立即关掉拖车处理故障。

（11）作业后的清理及维护有助于保证罐车每次作业顺利高效的完成，延长罐车的使用寿命。负责清理维护人员需在充分的学习培训后才能上机操作。

（12）进入工作区域和维修工作之前，必须关闭发动机，拔出钥匙，确定所有的机器旋转部件停止运动。在清理维护或维修时，当罐车桥梁升起时，必须架设桥梁支座，禁止将驱动轴当作支撑或台阶使用。桥梁支座也要定期检查与维护。

（13）压缩空气容器中的冷凝水需每周排空一次。

（14）外部清洗：真空罐车使用的前四周，只能用凉水清洗，不要使用高压清洁剂，避免油漆划痕。清洗过程中喷头距离罐车的距离至少保持 40cm；油漆区域尽可能保持凉爽，避免太阳直射；不要使用温度高于 60° 的水清洗；不要使用腐蚀性的清洁剂；如发现油漆区域损坏，立即修复各类油漆；清除施肥机构如施肥铲等部位中的异物。内部清洗：清理罐车内部时，必须完全打开所有大门，清除石头和其他物体，保持通风直到内部完全干燥。

（15）经常检查液压软管，如发现任何损坏或磨损的情况，及时更换，新软管必须符合罐车厂家的要求。在检查液压软管是否泄漏时，需使用合适的设备。如发现泄漏处，不要用手触碰泄漏处，在高压下（液压油）液体泄漏可以穿透皮肤，造成严重的伤害，一旦受伤，立即就医，避免被感染的危险。如果发现液压系统故障，请专业维修人员修复，维修工作完成后，重新装配所有的安全设施，确保在连接和分离时，液压软管的连接接头不被污染。

（16）真空罐车作业 50h 后检查轮毂轴承的侧间隙 – 超载系统；作业 100h 后检查润滑制动凸轮轴轴承；作业 500h 后检查并调整制动手柄的设置，调整轮毂轴承的侧轴承间隙，用轴承润滑脂润滑轮毂轴承；操作 1 000h 后检查制动盖磨损情况，如有破损及时更换。应按照使用情况和环境条件确定清理和维护周期，也可根据实际情况调整不同的清理和维修周期。

（17）第一次负载行使后，需重新拧紧车轮螺母和螺钉，每个车轮组合安装后，车轮螺母或螺钉分别在首次操作 10h 后，重新紧固。然后每运行 50h 检查拧紧一次。定期检查气压，如果轮胎气压过高或过低，轮胎都可能会被损坏。当轮胎充气，无关人员不要站在旁边，并确保该罐车在安全地带放置并固定以防止滚动。

（18）压缩空气制动器（双线路）的管道空气过滤器在两个过滤器壳里有过滤套筒，如果滤芯堵塞，未过滤的空气则可从管路中的空气过滤器通过。为了保护设备避免这种情况出现，必须定期清洁过滤器。打开过滤器前外壳，卸开管道，拉出锁定杆来清洁过滤器，用清洁剂清洗过滤网，更换损坏的滤芯和“O”形环。

（19）罐车每工作 100h 应对超限系统，搅拌器里面的液压轴承，手制动器（气动罐车）制动杆弹簧螺母（大盘）、中间轴承（大盘）、快速紧固件旋转中心液压圆顶帽的偏离点、快速接头偏离点、搅拌机液压轴承点、牵引轴偏离点加注质软多用途润滑脂。每工作 500h 应检修轮毂轴承倾斜后端盖的紧固螺栓。

（20）所有的超压阀门必须每月清理一次，拆开阀门用水或无酸清洁剂清理。

（21）在连接和分离真空罐车的时候，需启动支撑轮，非工作人员请勿靠近，避免发生危险。

（22）一般情况下，在拖拉机发动机停止时，才可连接或分开传动轴。广角传动轴注意广角接头连接在拖拉机上，确保传动轴的接头被正确锁定到位，必须使用链条固定传动轴，防止其转动。

（23）停车时打开并检查支撑轮，确定罐车停稳，罐车需停在坚实地面检查，如地面较软，则需要其他工具辅助支撑轮固定罐车；停在支撑轮上的罐车不可以运输或移动；罐车在装载状态下，不要将其停放在支撑系统上（液压支撑轮或机械支撑脚）。

（24）罐车连接拖拉机时注意不要超过牵引杆的最大载重量。

（25）罐车作业时不要停留在噪声区域中超过规定的时间，如工作需要需带护耳工具。

（26）拖拉机的轴不能超载，超载会减少轴承的使用寿命会导致轴损坏。因此，尽量避免过度的压力，如偏载、在边缘行驶、速度过快等。

（27）当罐车抽取和搅拌液体肥料时产生有毒气体，与空气接触时易发生爆炸，因此此项作业过程中禁止明火，作业环境需始终保持通风。

（28）罐车的填充效率因液体肥料浓度不同而有所不同，为防止液体肥料被吸入压缩机，罐车的虹吸管内有一个塑料球，一旦容器填满，塑料球将升起到进气口，阻止液体肥料进入压缩机。如发现塑料球破损或老化，应及时更新塑料球，如果发生液体肥料进入压缩机这种情况，压缩机的声音会越来越响，必须及时更换压缩机。

（29）如果液体肥料渗入压缩机，必须立刻彻底清理，如果清理不及时，会导致压缩机严重损坏。

（30）应按照传动轴转速规定及操作手册使用传动轴，应该避免超重时打开传动轴。传动轴的保护装置中有损坏的部件必须用原件代替，建议按照生产商配套的生产装置清单更换部件。

四、质量标准

依据 DG11/T 41—2010 沼渣（沼液）抽排设备质量指标（表 7-5）。

表 7-5 沼渣（沼液）抽排设备质量指标

序 号	项 目	质量指标要求
1	作业噪声，dB（A）	≤ 88
2	系统最大真空度保持时间，min	≥ 2
3	抽排系统气密性能，kPa	≤ 10
4	真空泵温升，℃	≤ 50

第六节 病死畜禽无害化处理机械化技术

一、技术内容

无害化处理是指用物理、化学等方法处理病死动物尸体及相关动物产品，消灭其所携带的病原体，消除动物尸体危害的过程。

（1）焚烧法是指在焚烧容器内，使动物尸体及相关动物产品在富氧或无氧条件下进行氧化反应或热解反应的方法。

（2）化制法是指在密闭的高压容器内，通过向容器夹层或容器通入高温饱和蒸汽，在干热、压力或高温、压力的作用下，处理动物尸体及相关动物产品的方法。

（3）掩埋法是指按照相关规定，将动物尸体及相关动物产品投入化尸窖或掩埋坑中并覆盖、消毒，发酵或分解动物尸体及相关动物产品的方法。

（4）发酵法是指将动物尸体及相关动物产品与稻糠、木屑等辅料按要求摆放，利用动物尸体及相关动物产品产生的生物热或加入特定生物制剂，发酵或分解动物尸体及相关动物产品的方法。

二、装备配套

1. 结构组成

病死畜禽无害化处理设备由液压升降台、液压进料系统、发酵槽、尾气处理装置、冷凝器、冷却水塔、操控台等组成。其目的是通过分切绞碎、高温发酵处理，把病死畜禽转化为无害化粉末状的有机原料，实现病死畜禽的安全、无害转化。

2. 工作原理

设备采用“生物降解＋高温杀菌”处理方式，将动物尸体经分切、绞碎、发酵、杀菌、干燥五大步骤密闭处理，经过添加专用微生物菌剂，使其在处理过程中产生的水蒸气能自然挥发，无烟、无臭、无血水排放，将动物尸体转化为无害粉状有机原料，最终达到批量环保处理、循环经济，实现动物尸体无害化处理资源化利用。该设备采用智能控制技术、一键式操作，从进料到出料，全程自动化，节省劳动力并避免人畜接触导致的疾病传播。

3. 机具分类

见图 7–8 所示。

图 7–8 病死畜禽无害化处理机械

三、操作规范

（1）可视情况对动物尸体及相关动物产品进行破碎预处理。

（2）将动物尸体及相关动物产品或破碎产物，投至焚烧炉本体燃烧室，经充分氧化、热解，产生的高温烟气进入二燃室继续燃烧，产生的炉渣经出渣机排出。燃烧室温度应≥ 850℃。

（3）二燃室出口烟气经余热利用系统、烟气净化系统处理后达标排放。

（4）焚烧炉渣与除尘设备收集的焚烧飞灰应分别收集、贮存和运输。焚烧炉渣按一般固体废物处理；焚烧飞灰和其他尾气净化装置收集的固体废物如属于危险废物，则按危险废物处理。

（5）严格控制焚烧进料频率和重量，使物料能够充分与空气接触，保证完全燃烧。

（6）燃烧室内应保持负压状态，避免焚烧过程中发生烟气泄露。

（7）燃烧所产生的烟气从最后的助燃空气喷射口或燃烧器出口到换热面或烟道冷风引射口之间的停留时间应≥ 2s。

（8）二燃室顶部设紧急排放烟囱，应急时开启。

（9）应配备充分的烟气净化系统，包括喷淋塔、活性炭喷射吸附、除尘器、冷却塔、引风机和烟囱等，焚烧炉出口烟气中氧含量应为 6%~10%（干气）。

四、质量标准

依据 GB14554-93 恶臭污染排放标准（表 7-6）。

表 7-6　恶臭污染排放指标

序　号	项　目	质量指标要求
1	硫化氢，mg/m^3	0.03
2	氨气，mg/m^3	1
3	甲硫醚，mg/m^3	0.03
4	三甲胺，mg/m^3	0.05
5	甲硫醇，mg/m^3	0.004
6	二甲二硫醚，mg/m^3	0.03
7	臭气浓度	10 无量纲

第七节 污水处理机械化技术

一、技术内容

污水处理机械化技术是一种适用于住宅小区、疗养院、办公楼、商场、宾馆、饭店、机关、学校、水产加工厂、牲畜加工厂、乳品加工厂等生活污水和与之类似的工业有机废水，如纺织、啤酒、造纸、制革、食品、化工等行业的有机污水处理，主要目的是将生活污水和与之相类似的工业有机废水处理后达到回用水质要求，使废水处理后资源化利用的技术设备。

二、装备配套

1. 结构组成

污水处理设备由供料系统、温控系统、吸收系统、稳定系统、安全系统及残液自动处理系统组成。

2. 工作原理

污水处理机械是通过物理处理法完成一级处理的要求，去除污水中呈悬浮状态的固体污染物质，一般可去除 BOD 30% 左右，达不到排放标准，为了进一步处理难降解的有机物、氮和磷等能够导致水体富营养化的可溶性无机物，主要方法有生物脱氮除磷法、混凝沉淀法、砂滤法、活性炭吸附法、离子交换法和电渗析法等。工作原理是将污水引往集水池，对集水池末尾一格调节 pH 值，用一级溶气水泵提升到一级压力溶气罐，同时吸入空气和聚凝脱色剂，将在一级压力溶气罐内的饱和溶气水骤然释放到气浮池形成一级处理水。

3. 机具分类

污水处理设备按行业需求分为：生活污水、城市污水处理设备、工业污水（废水）处理、医疗、医院污水处理、电镀废水处理、印染污水处理、毛织污水处理、造纸污水处理设备、屠宰、养殖厂污水处理设备、酿造（啤酒）废水处理、食品厂（饮料）有机废水处理成套设备等。污水处理设备的主要作用是能有效处理生活污水和与之相类似的工业有机废水，避免污水及污染物直接流入水域（图 7-9）。

图 7-9　污水处理机械

三、操作规范

（1）安装调试人员首先打开进水阀门、出水阀门，启动设备进水提升水泵，将调节池（可土建）的污水输送到污水处理设备中。

（2）对于初次使用及调试的设备，当水位达到设备 1/2 高度时停止水泵进水，打开风机进水阀，开启风机，缓缓打开风机出风阀，向接触氧化池内曝气 48h 后再启动进水提升水泵将污水加入至设备 3/4 处，再向池内曝气 24h。

（3）工作人员要用手触摸填料是否有黏状感，同时观察水体微生物生长情况，直至填料上生长出一层橙黄色生物膜，方可连续向设备输送污水，水量应逐步增加至设计水量。

（4）定时观察水中微生物生长情况，发现异常应及时控制进水水量并加以调整。

（5）观察二沉池水流流态，出水堰集水必须均匀，一般每隔 24 h 必须排泥一次，排泥时打开排泥电磁阀，利用气提方式将二沉池内的污泥提升至污泥池。

（6）污水处理设备根据需要在消毒池内加入消毒剂（氯晶片等），二沉池来水经过消毒剂加药罐，药剂部分溶解，达到消毒的目的。经处理过的水在清水箱内停留约 0.5 h 后，就达到了排放要求，可以向外界受水体排放。

（7）设备调试结束并正常运行后，系统即可进入自动运行。将水泵、风机的操作切换在自动运行状态。

（8）使用时应不定期对出水水质按照环保排放要求进行检测，以保证污水处理设备正常运行。

（9）检查安全防护装置是否完整、安全、灵活、准确、可靠。

（10）检查螺丝并进行紧固处理，以防在使用中脱落；检查传动系统各操作手柄，电器开关位置正确无松动。

（11）检查润滑装置是否齐全、完整、可靠、油路畅通、油标醒目，对各种传动部位进行润滑加油。

（12）检查各种管线、管件是否完好，无跑、冒、滴、漏、渗现象。

（13）检查设备的完好性及部件、配件是否缺失，各种工具、附件应摆放整齐，存放有序。

（14）清洁设备各部位，使设备内外干净，滑动导轨和接合处应无油污、锈迹、灰尘和杂物，做到漆见本色，铁见光。

（15）操作岗位要做到“一平”“二净”“三见”“四无”，其中：“一平”即工房周围平整；“二净”即玻璃、门窗净、地面通道净；“三见”即轴见光、沟见底、设备见本色；“四无”即无油污、积水、杂物、垃圾。

（16）不盲目信赖开关或控制装置，只有拉开刀闸，有明显断路点才是最安全的。并挂上“禁止合闸，有人工作”标示牌。

（17）不损伤电线，不乱拉电线。发现电线、插头或插座等电气设备有损坏时，及时更换。

（18）拆开的或断裂的裸露的带电接头，必须及时用绝缘包布包好，并放置在人不易碰到的地方。

（19）尽量避免带电操作，带电进行操作经用电负责人批准，并采取有效措施后才能进行。

（20）当有数人进行设备保养时，在接通电源前通知他们。

（21）在带电设备周围禁止使用钢皮尺或钢卷尺进行测量工作。

四、质量标准

依据 DB11/307—2013 水污染物综合排放标准（表 7-7）。

表 7-7　水污染物综合排放指标

序号	项　　目	质量指标要求
1	五日生化需氧量 BOD，mg/L	6
2	化学需氧量 COD，mg/L	30
3	氨氮 NH_3-N，mg/L	1.5

（续表）

序号	项　　目	质量指标要求
4	总悬浮物 SS，mg/L	10
5	总磷 P，mg/L	15
6	粪大肠菌群，MPN/100ml	4 000
7	总氮，mg/L	15
8	pH 值	6~9

第八节　沼气生产（工程）机械化技术

一、技术内容

沼气生产机械化技术是一种用于处理人畜粪便、秸秆、污水等各种有机物的机械化技术。沼气装置发酵处理后排出的沼液和沼渣，可以作为农药添加剂、肥料、饲料等使用，大大减少化肥和农药带来的危害，有利于生产绿色产品和无公害产品。应用该技术还可以有效减少因露天堆放秸秆和畜禽粪便等污染物产生的血吸虫病和钩虫病等传染病。

（1）小型沼气集中供气工程运行，维护及安全规定应符合本标准规定，还应符合国家现行有关标准的规定。

（2）工程运行管理人员和操作人员应熟悉沼气工程处理工艺和设施、设备的运行要求与技术指标，并持有沼气生产职业资格证书。

（3）应建立工程运行管理制度、岗位责任制度、设备操作规程和设施设备日常保养、定期维护和大修三级维护保养制度。岗位责任和操作规程应在明显位置展示。

（4）运行管理人员和操作人员应严格执行本岗位操作规程中的各项要求，按规定认真填写运行记录。

（5）工程运行管理人员和操作人员应进行安全和防护技能培训，并制定火警、易燃及有害气体泄露、自然灾害等突发事故的应急预案。

（6）沼气站内醒目位置应设立禁火标志，严禁烟火。

（7）沼气站内应装备消防器材和保护性安全器具。

（8）应做好沼气站内所有设施的安全防护，维修设备时应切断电源并挂维修警示牌。

（9）沼气锅炉检修应由安全劳动部门认可的维修单位负责进行。

二、装备配套

1. 结构组成

沼气生产（工程）机械主要由沼气锅炉、预处理设施、发酵罐、格栅、搅拌器、减速机、潜污泵、热交换器、厌氧消化罐（池）、沼液储存池、净化设备、储气柜、出气管阻火器、控制系统、仪器仪表等系统组成。

2. 工作原理

沼气生产（工程）机械工作时向沼气池内装入一定量的发酵原料并封池之后，在沼气池内就形成了以液面为界，下为发酵料液，上为储存气体的两个部分。发酵原料在沼气微生物的作用下，不断地产生沼气，因沼气不溶于水，比重又轻就会上升到上部的储气部分。伴随产生量的不断增加，储气部分储存的气体就会向各个方向产生压力，由于发酵间与进料管、出料管相连，进出料管连接的进料口，水压间又都与外界大气相通，当储气部分产生的气体所产生的压力大于外界大气的压力时，就会压迫发酵间的液面向下，被压入进出料管，使进出料管的液面上升。随着压力的不断增大，会有更多的料液被压入进料管及出料管相连的水压间，沼气池内储气部分的空间也会随之不断增大，这个过程就称为“气压水”。当使用沼气时，因沼气池内的料液平面低于进料管和水压间的料液平面，进料管和水压间中高出发酵间内料液平面的一部分料液就会产生压力，压迫沼气通过导气管向外输送，直到沼气池内外料液面相平。这一过程称为“水压气”。沼气池内的料液平面不断变化，对发酵原料具有一定的搅拌作用，既能减轻料液在上部结壳，又能促进沼渣外排，对沼气发酵时非常有益的。

3. 机具分类

沼气工程配套机械分为特大型、大型、中型、小型。其中特大型厌氧消化装置总体容积≥ 5 000m^3，大型厌氧消化装置总体容积为 500~5 000m^3，中型厌氧消化装置总体容积为 300~1 000m^3，小型厌氧消化装置总体容积为 20~600m^3（图 7–10）。

沼气生产（工程）机械

沼气贮气灌

图 7-10　沼气工程配套机械

三、操作规范

（1）预处理池液位不应低于潜污泵的最低水位线。

（2）操作人员应每天一次巡回检查，清捞浮渣。

（3）清捞出的浮渣应集中堆放在指定地点，及时处理。

（4）清捞浮渣、清扫堰口时，应注意防滑。

（5）正常运转后，预处理池应每年放空、清理一次。

（6）向发酵罐进料时，应检查进料管道上的阀门启、闭状态是否正常。

（7）格栅拦截的杂物应及时清除，杂物应堆放在指定地点，并采取适当处置措施。

（8）每日进料时应检查一次格栅，及时清理格栅污物。

（9）应定期检修、保养格栅，对于破损的要及时更换。

（10）人工清掏杂物时，应注意防滑。

（11）观察搅拌器转动方向是否正确，如果转动方向错误，应由专业电工调整电源接线。

（12）观察减速机润滑油是否足够，缺失时应按设备说明书操作指示，及时添加润滑油。

（13）经常检查搅拌器的防雨设施，有破损应及时修补。

（14）应严格执行巡回检查制度，注意观察潜污泵运行是否正常、稳定、管道是否有抖动、是否有杂音和音响，观察出料流量是否正常。

（15）观察潜污泵的防水电缆应可靠固定。

（16）应根据预处理池的水位状况，控制潜污泵不干转。

（17）应定期检查潜污泵的阀门密封填料或油封密封情况，出现泄漏应及时更换密封填料、润滑油、

（18）发现潜污泵运行时流量明显减少，应及时停止泵工作，清除泵叶轮堵塞物。

（19）备用泵及相关阀门应每周至少运转、开闭一次。

（20）当环境温度低于0℃时，泵停止运转后，应放掉泵壳内的存水。

（21）泵启动或运行时，操作人员不得接触转动部位，运行稳定后，方可离开。

（22）禁止频繁启动潜污泵。

（23）发生突然断电或设备事故时，应首先切断电源，将进水口处闸阀全部关闭，未排除故障前不得擅自接通电源。

（24）更换新泵按产品说明书进行安装，试运转后方可正式运行。

（25）采用盘管加热时，入口处温度应控制在50~55℃，并应每日测试进出口温度。

（26）厌氧消化罐（池）启动调试前，应清除罐体内杂物。

（27）厌氧消化罐温度计、压力表分别进行校正。

（28）厌氧消化罐（池）试水试压按设计压力，参照GB/T 4751 10沼气池整体施工质量和密封性能验收及检验方法进行试水、试压合格。

（29）检查预处理池潜污泵启动正常，对加热装置，搅拌装置进行启动运转，检查沼气净化设备、输送管路是否畅通，检查进出料管道是否畅通。

（30）水封加水至设计高度。

（31）进料调试按设计好的确定进料的数量、浓度、回流搅拌数量、次数和时间间隔。应禁止含农药、杀菌剂、杀虫剂等有毒物质的原料进入池内。

（32）中温厌氧消化池应定期测量热交换器进、出口的水温和水量。

（33）应每天监测和记录厌氧消化罐内料液的pH值、温度、产气量，并根据监测数据，及时调整。

（34）观察USR，CSTR工艺的厌氧消化池出料管是否通畅。

（35）应保持厌氧消化池溢流管畅通，保持水封液面高度，环境温度低于0℃时，宜加防冻液保持水封正常工作。

（36）厌氧消化罐（池）运行过程中，应确保沼气和料液管路畅通。

（37）应定期检查厌氧消化罐（池）和沼气管道是否泄漏，发现泄露应立即停气检修。

（38）厌氧消化罐（池）运行压力不得超过设计压力，严禁形成负压。

（39）厌氧消化罐（池）放空清理和维修时，应关闭厌氧消化池与贮气柜的联接阀门，停止进料，打开厌氧消化罐（池）顶部检修人孔，排空发酵原料。当液面降至罐体下部检修人孔以下，再打开下部检修人孔。

（40）工作人员进入厌氧消化罐（池）应按 NY/T 1220.4 5.3.10 和 NY/T 1221 的规定进行操作。

（41）厌氧消化罐（池）排渣时，应保证厌氧消化池与贮气柜联通。

（42）操作人员在厌氧消化罐与贮气柜上巡回检查时，应注意防滑及高空坠落。

（43）厌氧消化罐（池）体、各种管道及阀门应每年进行一次检查和维护。

（44）厌氧消化池的各种加热设施应经常除垢、清通。

（45）沼气管道的冷凝水应定期排放。

（46）厌氧消化罐（池）运行 3~5 年，应清理、检修一次。

（47）应保持沼液储存池的适当水位，不溢出池外，不低于沼液出料泵的最低水位。

（48）适时清理沼液储存池的浮渣及浮游生物和池底的污泥。

（49）应经常检查储存池池墙、堤岸以及池底，发现渗漏应及时维修。

（50）应定期检查和维护沼液储存池防护围栏和安全警示标志牌。

（51）定期排除气液分离器、凝水器和沼气管道的冷凝水，排水时应防止沼气泄漏。

（52）定期检查脱硫器的气密性、脱硫器前后的压力，每周对旁通阀门和备用脱硫塔的阀门进行开、闭运转。

（53）定期更换或再生脱硫剂。

（54）净化设备检修时，应依靠旁通管道维持沼气系统正常运行。

（55）定时观测沼气储气柜的沼气量和压力，并做好记录。

（56）保持储气柜水封池设计水位，适时补充清水，冬季气温低于 0 ℃时，应采取防冻措施。

（57）定期检查沼气储气柜、沼气管道及闸阀是否漏气。

（58）经常检查沼气储气柜升降设施和进出气阀门，及时补充润滑油（脂）。

（59）定期检测储气柜水封池存水的 pH 值，当 pH 值＜ 6 时，应及时换水。

（60）储气柜运行 3~5 年，应彻底维修一次，适时对钟罩涂刷防护油漆或涂料。

（61）沼气贮气柜的安全防护和操作按 NY/T1220.4 15.3 和 NY/T1221 4.3.7 和 4.3.8 的规定执行。

（62）维修沼气贮气柜故障，应制定安全技术方案，由专业施工队伍进行施工。

（63）储气柜进、出气管阻火器应定期拆卸清洗。

（64）储气柜避雷针应在雷雨季节前进行检修、保养。

（65）保持控制室和控制仪表清洁，室外仪表应定期检查防水、防晒设施是否完好。

（66）操作人员应定时对电器设备、计量设备进行巡查，并做好运行记录。

（67）巡查时观察控制信号是否正常，发现信号显示设备出故障应立即报告管理人员，安排技术人员检修。

四、质量标准

依据 GB 18596—2001 畜禽养殖业污染物排放标准（表 7–8）。

表 7–8　畜禽养殖业污染物排放指标

序号	项　　目	质量指标要求
1	五日生化需氧量 BOD，mg/L	40
2	化学需氧量 COD，mg/L	150
3	氨氮 NH_3–N，mg/L	40
4	总悬浮物 SS，mg/L	150
5	总磷 P，mg/L	5
6	粪大肠菌群，MPN/100ml	1 000
7	总氮，mg/L	70
8	pH 值	6~9
9	蛔虫卵，个 /L	2

第八章 畜禽产品储运机械化技术

第一节　冷鲜肉储存机械化技术

一、技术内容

冷鲜肉，又叫排酸肉、冷却排酸肉，是现代肉品卫生学及营养学所提倡的一种肉品后成熟工艺。即活牲畜屠宰经自然冷却至常温后，将两分胴体送入 0~4℃的冷却间，被最大程度地分解和排出胴体中的二氧化碳、水和酒精，同时改变肉的酸碱度和肉的分子结构，产生鲜味物质，使肉味道鲜嫩，利于吸收和消化。少量的冷鲜肉可放置在 0~4℃的环境中，一般能储存 3~10 天；而大量的冷鲜肉需要放置在 −23℃至 −18℃的冷库环境中，且温度越低保存时间越久，通常情况下 −18℃可以保存 6 个月左右。

二、装备配套

1. 结构组成

冷库设备是采用人工制冷降温并具有保冷功能的仓储建筑物，基本由冷库库体、制冷系统、控制系统及其他部分组成。

冷库库体，要求坚固不变形且保温性能好，目前国际公认最好的建筑材料是聚氨酯保温板，保温效果好、耐温范围大，可为冷库后期运行节省电费。库板之间一般采用板壁内部预埋件偏心挂钩式连接或现场发泡固合，密封性好装拆搬运方便。

制冷系统，该系统通过与外界能量交换，制造出冷量以保证库房内的冷源供应。制冷系统的类型很多，其中压缩式制冷系统又称为蒸汽压缩式制冷系统，该系统性能好、效率高是冷库工程中常见的制冷系统。完整的蒸气压缩式制冷系统包括制冷剂循环系统、润滑油循环系统、融霜系统、冷却水循环系统以及载冷剂循环系统等。其中制冷剂循环系统由制冷压缩机、冷凝器、节流阀、蒸发器四个基本部分组成，是制冷系统的核心装备。

控制系统，该系统通过系列电控元件控制制冷系统保证冷量精准供应，是冷库的指挥中心。

其他部分，为了使冷库中制冷系统的安全性、可靠性、经济性和操作的方便，系统还包括辅助设备、仪表、阀门和管道系统等。

2. 工作原理

冷库是冷鲜肉储存的首选设备，具有维持库内货品温度于冻结点以上至7℃以下能力的储存库称冷藏库，可以短期储存冷鲜肉。具有维持库内货品温度于 -18℃以下能力的储存库称冷冻库，可以较长期储存冷鲜肉。冷鲜肉可通过冷库设备进行冷藏和冷冻两种方式储存（图8-1）。

图8-1　冷鲜肉储存设备

3. 具体机具

冷库内容积是冷库建筑物内可用的面积和可用高度的乘积。

即：冷库内容积 =（库内）长 × 宽 × 高（单位：m^3）

冷库容积利用率是冷库内容积可利用空间体积的比，冷库内容积 500m^3 以内的特小型冷库，冷库容积利用率小于 0.4。冷库吨位容量是在冷库可利用的空间内储存不同货物的重量，一般储存冷鲜胴体肉，鱼为 0.40t/m^3；储存冷鲜去骨分割肉为 0.60t/m^3；储存冷鲜腔排骨为 0.25t/m^3。

三、操作规范

（1）小型冷库体积小，便于管理；小型冷库内温度 -25~5℃，即可做冷藏库使用，也可做冷冻库使用，使用范围广，受到很多人的青睐。小型冷库的建设可根据用户的需要，同时根据用户的条件进行设计建造。

（2）根据业务需求确定冷库内容积。用户根据日销售冷鲜肉量，需要 5t 左

右的冷库，那么按照储存冷鲜胴体肉计算冷库内容积：冷库内容积 = 冷库吨位容量 ÷ 冷库容积利用率 ÷ 冷鲜胴体肉单位体积重量 =5 ÷ 0.4 ÷ 0.4=31.25m^3，即需要建设一个冷库内容积约为 31.25m^3 的冷库。

（3）根据冷库内容积和实际条件确定冷库的几何长度。根据冷库内容积为 31.25m^3，结合自己的现有条件和在冷库内操作的方便性，自行设定冷库的长、宽、高。可以建成冷库内长 3.5m、宽 3m、高 3m 的小型冷库，也可以建成长 4m、宽 3m、高 2.5m 的小型冷库。

（4）根据冷库几何长度定制装配式冷库库体。冷库库板为聚氨酯硬质泡沫塑料（PU）为夹心，以涂塑钢板等金属材料为面层，将冷库库板材料优越的保温隔热性能和良好的机械强度结合在一起。具有保温隔热年限长，维护简单，费用低以及高强质轻等特点，是冷库保温库板选择的最佳材料之一，冷库库板厚度一般有 150mm 和 100mm 两种。冷库库板可以直接跟地面接触，但是地面要平整。如果要求高点，那可以在冷库下面放置木条，架空来增强通风；也可以在冷库下面放置槽钢来增强通风。

（5）根据冷库内容积选择制冷机组。制冷机与冷凝器等设备组合在一起常称作制冷机组，是冷库设备的心脏。冷库制冷设备是否配置合理很是重要。根据入库物品温度和要求的储存温度，一般 30m^3 的可选用 5~15 匹（1 匹 =735.5W）制冷机组。

（6）根据冷库的用途选择控制系统，合理地选择高低压保护器以保护压缩机；温控器控制冷库制冷开与停以及除霜、通风扇的开与停，可按物品储存温度要求设定冷库温度；干燥过滤器以过滤系统中杂质与水分；油压保护器来保证压缩机有足够润滑油；油分离器将制冷压缩机排出的高压蒸汽中的润滑油分离，以保证装置安全高效地运行。

（7）为达到良好的制冷效果和运行稳定可靠，操作简单成本低，制冷系统和控制系统应委托给专业人员制作安装。

（8）必须要有专人负责管理，管理人员一定要了解冷库的工作原理及操作方法。

（9）冷库应定期清洁与消毒，库内不得有异物及储存品残碎片。

（10）库房发现冰、霜、凝结水时，应尽快清除。

（11）应减少库门的开启次数，每天应检查库门功能是否正常。

（12）入库商品应先进行质检，未冻结或未预冷的货物不应直接入库。

（13）货物应按照其性质分区码放，名牌标注，并留有足够的空间供搬运。

（14）应定期检查货物质量，及时清除变质和过期货物。

（15）冷库安装完毕或长期停用后再次使用，降温的速度要合理，每 24h 控制在 8~10℃为宜，在 0℃时应保持一段时间。

（16）冷库库板保养，使用中避免尖硬物对库体的碰撞和刮划，这样可能造成库板的凹陷和锈蚀，会使库体局部保温性能降低。

（17）冷库密封部位保养，由于装配式冷库是由若干块保温板拼接而成，因此板之间存在一定的缝隙，施工中这些缝隙会用密封胶密封，防止空气和水分进入。所以在使用中对一些密封失效的部位应及时修补。

（18）冷库地面保养，一般小型装配式冷库的地面使用保温板，使用冷库时应防止地面存有大量的冰和水，如果有冰，清理时切不可使用硬物敲打，损坏地面。

四、质量标准

表 8-1　冷鲜肉储存机械质量指标

序号	项　　目	质量指标要求
1	库房库板质量要求	1. 热导率宜小 2. 不应有散发有害或异味等对食品有污染的物质 3. 为难燃或不燃材料，且不易变质 4. 宜选用温度变形系数小的块状隔热材料 5. 易于现场施工 6. 贴于地面的隔热材料，其抗压强度不应小于 0.28MPa
2	制冷压缩机要求	1. 选配制冷压缩机时，各制冷压缩机的制冷量宜大小搭配 2. 制冷压缩机的系列不宜超过两种 3. 应根据实际使用工况选配适宜的驱动电机
3	分离器位置要求	250~300mm
4	冷凝器要求	1. 采用水冷式冷凝器时，其冷凝温度不应超过 39℃；采用蒸发式冷凝器时，其冷凝温度不应超过 36℃ 2. 冷凝器冷却水进出口的温度差，对立式壳管式冷凝器宜取 1.5~3℃；对卧式壳管式冷凝器宜取 4~6℃ 3. 冷凝器的传热系数和热流密度应按产品生产厂家提供的数据采用 4. 对使用氢氟烃及其混合物为制冷剂的中、小型冷库，宜选用风冷冷凝器

（续表）

序号	项　　目	质量指标要求
5	输送制冷剂泵要求	应根据其输送的制冷剂体积流量和扬程来确定。其制冷剂的循环倍数：对负荷较稳定、蒸发器组数较少、不易积油的蒸发器，下进上出供液方式的可采用 3~4 倍；对负荷有波动、蒸发器组数较多、容易积油的蒸发器，下进上出供液方式的可采用 5~6 倍，上进下出供液方式的采用 7~8 倍
6	制冷设备布置要求	应符合部件拆卸和检修的空间要求

第二节　冷鲜肉运输机械化技术

一、技术内容

冷鲜肉可通过冷藏冷库（保鲜库）进行短期储存和冷冻冷库进行较长期储存，同时更需要冷藏或冷冻设备运输实现商品流通，更好地满足市场需求，丰富人民生活。

冷鲜肉的冷藏或冷冻运输方式可以是公路运输、水路运输、铁路运输、航空运输，也可以是多种运输方式组成的综合运输方式。

为确保冷鲜肉的品质，需采取冷链运输技术。冷链运输是指在运输全过程中，无论是装卸搬运、变更运输方式、更换包装设备等环节，都使所运输货物始终保持一定温度的运输。冷链运输是冷链物流的一个重要环节。冷鲜肉短距离公路运输设备主要应用小型冷藏车，运输低温冷鲜肉时，要求运输冷藏车厢温度在保证冷鲜肉不冻结的前提下越低越好；运输冷冻冷鲜肉时，要求运输冷藏车厢温度在 −18℃以下。

二、装备配套

1. 结构组成

冷藏车组成，冷藏车是国家汽车产品公告“冷藏车”目录中的产品，冷藏车必须符合车辆管理规定，不允许非法改装冷藏车。冷藏车由专用汽车底盘的行走部分、隔热保温厢体（一般由聚氨酯材料、玻璃钢组成，彩钢板，不锈钢等），制冷机组，车厢内温度记录仪等部件组成。

冷藏车车厢，冷藏车厢内外壁及主体框架宜采用质轻且高强的材料，并应用阻燃隔热材料板，采用封闭式结构，且冷藏车厢内壁材质应无毒、无害、无异味、无污染，内壁结构易于清洗。厢体可采用分片拼装的“三明治”板粘接式、片拼装注入发泡式、整体骨架注入发泡式、真空吸附式粘贴几种方式制作。冷藏车厢内宜多点检测温度，应有一个测温点设在冷风机或蒸发器回风口，应在驾驶室内或挂车内易观察位置处实时显示车厢内温度。

冷藏车制冷，冷藏车要专门设计以及配置的制冷机组，冷藏机组分为非独立制冷机组和独立制冷机组。最低的制冷温度应达到 -18℃。需要保证车厢中的温度达到零下，而且需要保持恒温以及良好的通风效果。

2. 工作原理

冷藏车是指用来运输冷冻或保鲜的货物的封闭式厢式运输车，是装有制冷机组的制冷装置和聚氨酯隔热厢的冷藏专用运输汽车。

3. 机具分类

按冷藏车底盘生产厂家可选用东风冷藏车、长安之星冷藏车、庆铃冷藏车、江铃冷藏车、江淮冷藏车、北汽福田冷藏车等；按底盘承载能力可选用微型冷藏车和小型冷藏车；按车厢型式可选用面包式冷藏车、厢式冷藏车。

冷藏车制冷机组，为冷藏车货柜提供源源不断的“冷”的重要设备，一般都加装在货柜的前面顶部，有空调般的外形，但比同体积的空调具有更强的制冷能力。

制冷机组一般分为两种，独立式机组和非独立式机组，区别在于独立机组完全通过另外的一个机组发电来维持制冷工作，非独立机组是完全通过整车的发动机工作取力来带动机组的制冷工作。

冷藏车制冷机组的选择，一般根据冷藏厢体的容积和所运输货物对温度的要求，来选择不同功率的制冷机组。

冷藏车保温厢体，冷藏车的制冷机组用于温度的调控，而厢体的作用是用于温度的保持。如果说制冷机组是能量的提供者，那么厢体就是能量的储存者。冷藏车的制冷机组和保温厢体是最重要的。

保温厢体的选择，一般遵循保温性能好，重量轻，不易损坏要点。

总之，冷鲜肉冷链运输设备应具有良好的密封性、制冷性、轻便性、隔热性特点：

密封性，冷藏车的货柜需要保证严格的密封来减少与外界的热量交换，以保证冷藏柜内保持较低温度。

图 8-2　冷鲜肉运输

制冷性，加装的制冷设备与货柜连通并提供源源不断的制冷，保证货柜的温度在货物允许的范围内。

轻便性，一般用冷藏车运输的货物都是不能长时间保存的物品，虽然有制冷设备，仍需较快送达目的地。

隔热性，冷藏车的货柜类似集装箱，但由隔热效果较好的材料制成，减少了热量交换（图 8-2）。

三、操作规范

只有正确地使用和操作冷藏车，才能够保证货物的完好运送和保存。因为冷藏车是专门用于对温度敏感的产品，因而保证温度是冷藏车的关键。如果使用或操作不当，都会导致货物不能在完好的状态下保存或运送。

（1）底盘发动机，按照行驶里程进行维护和保养。

（2）冷冻机组，按照发动机工作小时制定维护和保养。通常的制冷机组需要 500~700h 进行一次维护和保养，需要更换机油滤芯、燃油滤芯、空气滤芯；并注意检查皮带的松紧度、制冷系统有无泄漏等。

（3）保证冷藏车燃油充足，保证运行到下一个检查加油点。

（4）确保冷藏车发动机油位供应在（满）标记处，且每年更换一次。

（5）检查冷藏车冷却液液面计，保证冷却液量充足。

（6）检查冷藏车电池接线端子是否牢固，电解液是否满标记。

（7）目视检查机组有无泄漏、零件是否松动、断裂及其他损坏。

（8）机组的垫片应牢牢压紧，状态良好。

（9）冷藏车盘管冷凝器和蒸发器盘管应清洁无脏物。

（10）除霜排水装置应检查除霜排水软管和接头，确保它们畅通。

（11）货厢装货时货物不能遮挡蒸发器出风和回风口，保持货厢内冷气循环畅通，以确保厢内不会有热点。

（12）直接接触肉与肉制品的工作人员应持有有效的食品行业健康证明。

（13）从事肉与肉制品冷链服务各环节工作的人员，应接受肉与肉制品运输、仓储、配送、交接、检验及突发状况应急处理等相关知识和技能培训，并经考核合格。

（14）应具有与肉及肉制品冷链温控要求相适应的运输、仓储、配送、交接等设施设备。

（15）冷藏的肉与肉制品入库时温度 0~4℃，冷藏间温度 0~4℃；冷冻肉品温度 –18℃以下，冷冻 间温度（–18 ± 1）℃。

（16）应根据肉与肉制品的类型、特性、运输季节、运输距离的要求选择不同的运输工具和配送线路。

（17）装车前，保持车辆清洁卫生；运输前车辆应进行清洗消毒，并符合相关规定；装载时冷冻肉与肉制品温度应达到 –15℃或达到双方约定的收货温度，同时装车前，车厢温度宜预冷至 –10℃；冷藏肉与肉制品的车厢温度应预冷至 7℃以下时方可装运。

（18）装车过程宜使用物流工具，确保在较短时间内装车完毕。

（19）装车完成后，根据肉品运输要求，设置车厢的制冷温度，确认制冷机组正常运转后，依指定路线配送。

（20）运输过程制冷系统应保持正常运转状态，全程温度应控制在指定的温度范围内。冷藏设备的温度记录间隔时间不应超过 1h/ 次。冷藏设备温度偏离设定范围时，应采取纠正行动。

四、质量标准

冷鲜肉运输机械质量标准见表 8–2 所示。

表 8–2　鲜肉运输机械质量指标

序号	项　目	质量指标要求
1	库房库板质量要求	1. 热导率宜小 2. 不应散发有害或异味等对食品有污染的物质 3. 为难燃或不燃材料，且不易变质 4. 宜选用温度变形系数小的块状隔热材料 5. 易于现场施工 6. 贴于地面、楼面的隔热材料，其抗压强度不应小于 0.28MPa
2	制冷压缩机要求	1. 应根据各蒸发温度机械负荷的计算值分别选定，不另设备用机 2. 选配制冷压缩机时，各制冷压缩机的制冷量宜大小搭配 3. 制冷压缩机的系列不宜超过两种 4. 应根据实际使用工况选配适宜的驱动电机

（续表）

序号	项　目	质量指标要求
3	分离器后置要求	洗涤式油分离器的进液口应低于冷凝器的出液总管250~300mm
4	冷凝器要求	1. 采用水冷式冷凝器时，其冷凝温度不应超过39℃，采用蒸发式冷凝器时，其冷凝温度不应超过36℃ 2. 冷凝器冷却水进出口的温度差，对立式壳管式冷凝器宜取1.5~3℃；对卧式壳管式冷凝器宜取4~6℃ 3. 冷凝器的传热系数和热流密度应按产品生产厂家提供的数据采用 4. 对使用氢氟烃及其混合物为制冷剂的中、小型冷库，宜选用风冷冷凝器
5	输送制冷剂泵要求	应根据其输送的制冷剂体积流量和扬程来确定。其制冷剂的循环倍数：对负荷较稳定、蒸发器组数较少、不易积油的蒸发器，下进上出供液方式的可采用3~4倍；对负荷有波动、蒸发器组数较多、容易积油的蒸发器，下进上出供液方式的可采用5~6倍，上进下出供液方式的采用7~8倍
6	制冷设备布置要求	应符合工艺流程及安全操作规程的要求，并适当考虑设备部件拆卸和检修的空间，布置要紧凑

第九章 畜禽养殖智能化技术

第一节 畜牧数字化管理技术

一、技术内容

畜牧养殖智能化技术是一项系统工程，涉及物联网及信息技术的各个层面。主要由畜禽养殖环境智能监控系统、数字化养殖管理系统、畜牧自动控制系统、畜牧精准饲喂系统等组成。

数字化养殖管理系统搭建有线通信和无线通信相结合的综合组网方式，实现数据的短距离传输和长距离中继功能。

二、装备配套

1. 结构组成（图 9-1）

畜牧养殖智能化系统由多个部分组成，包括数据采集器、控制器、网关、服务器、移动终端和 PC 终端。数据采集器采集畜禽舍内的相关数据反馈给网关，传输至服务器，由人工从移动终端或 PC 终端进行处理，反馈至控制器进行相关调控。以进行畜禽舍的智能化控制。

2. 工作原理

数字化养殖管理系统由场区数字广播和通信系统、畜牧电子耳标管理系统、养殖场管理系统（包括数字视频监控系统）、农产品质量安全追溯系统和场区周界安全防范系统五部分组成（图 9-2）。

（1）数字广播和通信系统。以太网数字音频广播系统（Internet Digital Broadcast

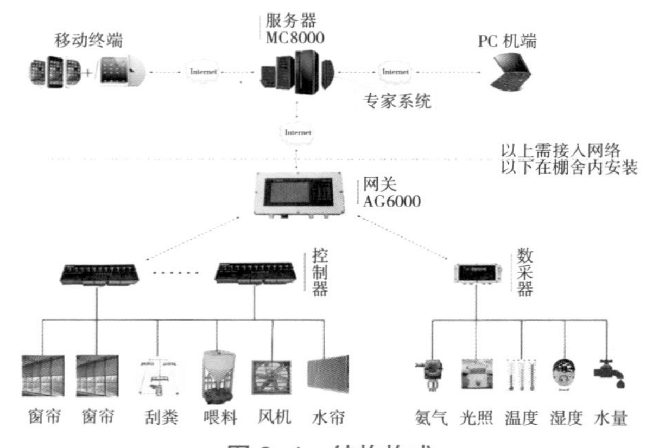

图 9-1 结构构成

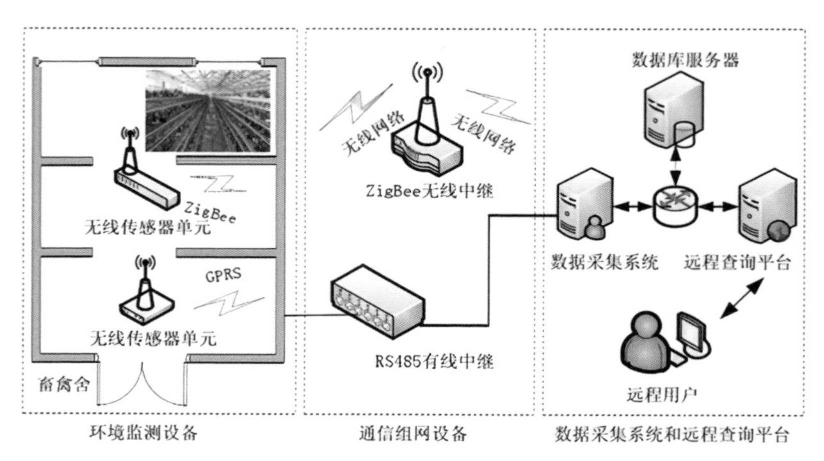

图 9-2 数字管理系统结构

Platform）简称为 IDBP。该系统定位于公用广播系统，可应用于多种场合的广播。广播系统主要特点采用当今世界最广泛使用的以太网络技术，将音频信号以 TCP/IP 协议形式在以太网上进行传送，彻底解决了传统广播系统存在的音质不佳容易受干扰，维护管理复杂，互动性能差等问题。

同时，广播系统还采用多路定向寻址等技术实现对广播节目播出、接收的智能化管理，如：按预排节目表自动广播，选择全部、部分或特定区域进行定向分组广播，分组授权调用接收或强制接收等等。突破了传统广播系统只能对全部区域进行公共广播的局限。

（2）畜牧电子耳标管理系统。电子耳标是一种专用于动物识别和电子化管理的电子器件。它能存储和读取信息，是自动化系统与动物个体之间一个信息传递的桥梁；可以说就是动物的可被自动识别的电子身份证，人们可以方便地通过各种类型的专用阅读器对每一个动物个体进行自动识别。这样，就使诸如个体甄别、数据统计、行踪控制、自动饲养、行为管理等许多的动物科研、饲养、管理、调查等工作有了实现自动化、信息化的技术手段，对动物的跟踪管理能力会大为提高。并且在牲畜被屠宰之后还可以回收使用。

（3）养殖场管理系统。养殖场管理系统是一套专门针对于现代化养殖场开发的管理软件，适用于大中小型养殖场。该软件包含基础数据、种畜管理、生畜管理、采购管理、库存管理和收支管理。

（4）数字视频监控系统。视频监控系统是在养殖场的所有生产作业区域内安装数字视频监控设备，实现养殖场区内部生产作业过程全方位、无间隔的视频监控；并且在各养殖棚等重要养殖区域安装动态监控设备，实现这些区域内实时无缝隙的视频监控。该系统不仅用于养殖场内部的生产管理监控，还可实现实时动态视频参观效果以及达到质量安全追溯的目的。

（5）农产品质量安全追溯系统。产品质量安全追溯机制，是近年来国家加强对产品质量监管机制的一项重要措施和手段，建立一套严密、精确的质量安全追溯系统也是养殖场必须要进行的一项重要措施。

产品质量安全追溯系统主要采用三个层次结构：网络资源系统、公用服务系统和应用服务系统。网络资源系统是将养殖场内部的电子耳标系统中建立的各牲畜的养殖资料通过互联网查询，即可以由消费终端通过公用服务系统进行查询，也可以实现与下游加工企业的数字化管理平台或质量追踪系统接口，实现最终完整的产品质量追溯链条，真正意义上实现产品质量安全的追溯，再结合养殖数字视频监控系统的监控录像资料，达到效果最大化。

（6）场区周界安全防范系统。养殖场周界安全防范系统由静电感应电缆和智能视频监控两部分组成。

静电感应电缆是一种全新概念的周界安防探测器，由探测线、现场探测器和报警主机组成。探测线探测人体接近信号，经现场探测器检测和识别判断是否有人靠近，确认有人靠近则发出报警信号。主机收集现场探测器的报警信号，显示或通过总线传给控制室主机。感应电缆比红外对射、振动电缆、泄漏电缆之类的报警器灵敏度高、工作可靠，更能适应复杂环境。

智能视频监控（Intelligent Video System IVS）是采用视频监控技术与人工智

能技术相结合从而使计算机能够通过数字图像处理和分析来理解视频画面中的内容，实现物体追踪、人物面部识别、车辆识别、非法滞留和非法入侵等原来由安全人员手工完成的工作。不仅大大降低了安全人员的工作强度，而且能够更为准确和及时的实现安全防范的目的。

3. 装备配套

电子耳标是一种专用于动物识别和电子化管理的电子器件。它能存储和读取信息，是自动化系统与动物个体之间一个信息传递的桥梁，可以说就是动物的可被自动识别的电子身份证，人们可以方便地通过各种类型的专用阅读器对每一个动物个体进行自动识别（图 9-3）。

牛用电子耳标

猪用电子耳标

图 9-3 电子耳标

主要由上位机软件、温湿度一体传感器 、智能控制器等组成，通过总线形式或通过网络服务器无线形式将养殖场内环境温湿度数据上传到上位机，由上位机设定控制环境，从而去命令智能控制器实现对养殖场内设备的控制。

将根据禽舍养殖场建设具体情况，采用无线传感网、有线通信、无线通信相融合的综合组网设计。在禽舍内部采用无线传感网；有线通信性能可靠，前期投入低；无线通信覆盖范围大、后期维护方便。

应用网络有：基于 ZigBee 的无线传感网；基于 RS485 或光纤的有线通信；基于 3G/4G/ GPRS 的无线通信等形式（图 9-4，图 9-5）。

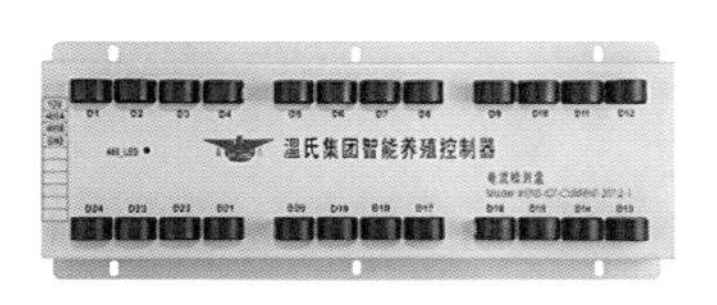

图 9-4 网关控制器

图 9-5 禽类智能养殖设备

三、操作规范

（1）基础数据主要包括品种资料、饲料名称设置、疫苗保健设置、客户资料和场内圈舍设置。

（2）种畜管理主要包括种母畜资料、种公畜资料、公畜配种登记、母畜产仔提醒、种畜销售登记、种畜存栏情况、种畜转栏登记和种畜死亡登记。

（3）生畜管理主要包括母畜繁殖登记、仔畜断奶登记、生畜存栏登记、生畜转栏登记、生畜死亡登记、生畜销售登记、生畜存栏登记、母畜繁殖期间查询统计、生畜销售期间查询统计、生畜死亡期间查询统计、生畜转栏期间查询统计和生畜盈利期间查询。

（4）采购管理主要包括饲料入库、药品入库、饲料出库、药品出库、饲料退库、药品退库、药品出库期间查询统计和饲料出库期间查询统计。

（5）库存管理主要包括饲料库存明细、药品库存明细和药品失效提醒。

（6）收支管理主要包括其它收入登记、支出登记和期间收入支出查询。

四、质量标准

圈舍配备合适的调温、调湿、通风等设备，配备自动喂料、饮水、清污以及除尘、光照等装置。圈舍内应配有防鼠、防虫、防蝇等设施。

1. 投入品使用规范

（1）使用的饲料和饲料原料应色泽一致，颗粒均匀，无发霉、变质、结块、杂质、异味、霉变、发酵、虫蛀及鼠咬。

（2）规范使用兽药，禁止使用法律法规、国家技术规范禁止使用的饲料、饲料添加剂、兽药等。

（3）不得使用未经高温处理的餐馆、食堂的泔水饲喂，不得在垃圾场或使用垃圾场中的物质饲喂。

（4）兽药使用应在动物防疫部门或执业兽医指导下进行，凭兽医处方用药，不擅自改变用法、用量。

（5）取得无公害畜禽产地认定证书，提供本年度畜禽产品或饲料合格检验报告。

（6）饲养场技术人员、兽药采购人员应熟知《动物防疫法》《兽药管理条例》《禁用兽药规定》和休药期规定等法律法规知识。

2. 粪污治理

（1）畜禽舍内配备畜禽粪污收集、运输设施设备，有与养殖规模相适应的堆粪场，不得露天堆放。

（2）场区内粪污通道改为暗沟，实行干湿分离、雨污分离。

（3）建有对畜禽粪便、废水和其他固体废弃物进行综合利用的沼气池等设施或其他无害化处理设施。

（4）畜禽粪污实行农牧结合，就近就地利用，不直接排放到水体，经综合治理后实行达标排放。

第二节　畜牧环境监测技术

一、技术内容

畜禽养殖环境智能监控系统利用物联网技术，围绕畜禽养殖的生产和管理环节，通过智能传感器在线采集养殖场环境信息，根据采集到的环境参数自动控制开窗、遮阳、通风、增湿等设备，实现畜禽养殖场的智能监测与科学管理。畜禽舍环境信息智能采集实现养殖舍内环境信号的自动检测、传输和接收。

二、装备配套

畜禽养殖环境智能监控系统由可编程控制器（PLC）、网络型温湿度变送器、传感器、通讯转换模块、声光报警、计算机和系统监控软件组成。

利用综合的软件监测平台，为管理人员提供实时监测数据，为及时做出相关养殖调整和制定新的规划方案提供数据支持。

根据需求，现场监测、采集养殖场环境监控的更多参数，监测点也可以根据需求组成 100~300 个监测点的网络。软件可以设定采集数据的时间间隔，实时监测所有监测点的温度和湿度，也可以设定每路温度和湿度的上下限，同时可以通过声光报警器报警，方便客户的监测，浏览、查询和保存历史数据。

养殖管理系统能够帮助企业实现养殖环节中信息化管理，在行业中、公众面前树立良好的品牌形象，显著提高产品竞争力，并可通过管理手段提升对基地农户的管理控制水平，实现双赢和可持续发展（图 9–6）。

图 9–6　智能养殖温度监测

三、操作规范

（1）利用全自动控制系统，对畜牧养殖场进行无人化饲养管理，提高畜牧产品生产效率，优化饲料的转换率。

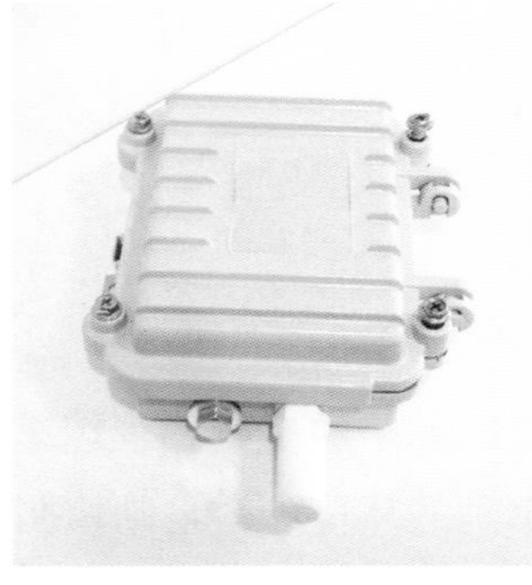
图 9-7　温度传感器

（2）利用计算机采集处理育种中的数据，建立畜牧资源基因库，选育优良品种，完善良种繁育体系。

（3）利用环境智能监测系统监测饲料原料种植基地，减少药物残留，提高养殖产品质量安全水平。

（4）与生物技术相结合，加强生物防治，提高疾病防治能力。

（5）利用视频监控技术，全程实时监控畜牧产品生产、加工、屠宰、运输全过程。

（6）利用自动控制技术和传感技术，对畜牧产品生产环境进行实时监测，提高产品质量，增加产品的科技含量（图 9-7）。

随着社会经济与科技的发展，畜牧业将实现集约化、规模化、高密度发展。

第三节　畜牧自动控制技术

一、技术内容

畜牧设备自动化控制充分体现了设备利用率高、人劳强度低、工作效率高、自动化程度、信息化管理程度高、实用性及美观程度高、清洁环保等诸多优良特点，是畜牧行业重要应用设备，充分体现工厂的现代化管理水平。畜牧自动控制技术由精细饲养子系统、能耗控制子系统、疾病防检子系统和粪便清理子系统组成。

二、装备配套

目前在国外尤其是欧盟国家的猪场已经在普遍使用一种养猪设备—自动化母猪饲喂系统，该系统缔造了全新高效的智能化养猪模式，大群母猪在一个圈里饲养，可以做到单体母猪的精确饲喂，24h 自动检测母猪是否发情，自动分离发情母猪。实现了整个猪场管理的高度智能化。

母猪饲喂站：全自动母猪饲喂系统为每头母猪备上独一无二的电子耳标，就如人的身份证一样，让系统进行统一的管理。

仔猪饲喂器：根据仔猪消化功能及生长特性，设计少食多餐的饲喂模式，电脑自动下料，无需人工来回搬运，保证饲喂器及时精准下料，饲喂更专业，成长更健康。

发情鉴定系统：该系统可自动检测到猪舍内的母猪是否已进入发情期，并及时将数据反馈给电脑，当被判断已进入发情期的母猪采食完毕进入通道时，自动分离器将会给母猪喷上颜色，分离该头母猪进入小圈，等待配种。更准确掌握母猪的发情期，增加母猪产子窝数，提高产量；电脑代替传统人工判断，更及时准确、节约成本。

自动分离系统：该系统可根据识别的体温参数、日常采食情况和发情鉴定系统的检测结果等猪只异常报告，通过自动喷墨记忆将病猪、发情母猪、妊娠母猪、临产母猪、需要免疫接种的母猪、耳标缺失的母猪等分离出来，以便人工及时采取相应处理措施。

远程管理系统：通过系统软件模块、传感器及互联网可实现远程视频察看猪只当前活动状态、远程诊断和远程分析。

猪场 ERP 管理软件：该软件不仅自动记录每头猪的日常采食、防疫、发情、育苗、买卖等信息，还提供整个猪场的财务管理及“进、销、存”管理，使猪场的管理一步到位。

畜禽的生长环境直接影响畜禽的健康，尤其是封闭式的畜禽舍，光照有限，温度、湿度波动比较大，有害气体不容易散发，这些均对畜禽的生长繁殖影响比较大。因此，根据畜禽养殖环境的特点，利用畜禽养殖环境监测和控制系统对温度、湿度、有害气体浓度等主要环境参数准确和实时监测是十分有必要的，以监测数据为参考依据，对畜禽舍养殖环境进行调控，能大大提高畜禽舍管理效率。

三、操作规范

1. 实现了整个生产过程的高度自动化控制

（1）自动化养殖设备实现了自动供料：整个系统采用储料塔 + 自动下料 + 自动识别的自动饲喂装置，实现了完全的自动供料。

（2）自动化养殖设备实现了自动管理：通过中心控制计算机系统的设定，实现了发情鉴定、舍内温度、湿度、通风、采光、卷帘等的全自动管理。

（3）自动化养殖设备实现了数据自动传输：所有生产数据都可以实时传输显示在农场主的个人手机上。

（4）自动化养殖设备实现了自动报警：场内配备由电脑控制的自动报警系

统，出现任何问题电脑都会自动报警。

2. 生产效率高

（1）管理人员的工作效率高。

（2）管理人员的工作轻松：管理人员平均每天进场时间不超过1h，进场后的工作主要是进行配种、转群、观察、处理等必须由人来完成的操作。

第四节　畜牧精准饲喂技术

一、技术内容

当前，精准、高效、个性化的定制已经成为饲养饲喂的趋势和潮流，实施精准饲喂才能实现高效养殖。在养猪的生产过程中，饲料成本占了总生产成本的60%左右，即生产成本多数花费在了饲料费上，精准饲喂，减少饲料的浪费，很大程度上节省了生产成本，缓解了人畜争粮的现象，提升利润，增加养殖场的收入，提高养殖人员的饲养信心和饲养热情，因此，规模猪场的精准饲喂尤为重要。

畜牧精准饲喂系统可以带来经济效益，通过准确分析饲料原料营养物质含量，更加深刻地理解原料市场价格；促进理解消化过程和准确的营养需要量；关注质量、高效、多样性、价值、安全及可持续性。

二、装备配套

对于精准营养的理解，第一是动物的精准需求，简言之就是在一定的生长环境、生理状态下的一个最适宜营养。第二是精准配方，首先是做好原料数据库的基本评价；其次是改进原料的加工方式，例如，将制粒过程中原料的互作性变化、原料本身淀粉糊化度的变化等作为考量因素。目前，精准营养虽然无法做到那么精准，但是可以无限贴近精准营养去做。

根据自身情况去选择不同营养水平的饲料，同时将传统饲料与生物饲料结合，也是一种好的尝试。

畜牧业获取经济效益的关键是高产，而提高产量的关键就是确保奶牛的营养需求得到满足以及提高其舒适度。在有良好的基础设施和管理制度并严格执行的情况下，可以做到提高畜禽舒适度。但最大限度地满足畜禽的营养需求是一个复杂的体系。在设计日粮配方时，不但要合理、充分利用市场原料，尽量降低成本确定满足畜禽需求的科学配方；加工过程中在称重、投放、搅拌过程尽量减少误差，搅拌均匀；还必须保证尽量让畜禽采食到新鲜安全、足够的配合好的饲料；最后还要通过消化吸收情况对日粮进行评价、反馈。

母猪精确饲喂系统是由电脑软件系统作为控制中心，由一台或者多台饲喂器作为控制终端，由众多的读取感应传感器为电脑提供数据，同时根据母猪饲喂的科学运算公式，由电脑软件系统对数据进行运算处理，处理后指令饲喂器的机电部分来进行工作，来达到对母猪的数据管理及精确饲喂管理，这套系统又称之为母猪智能化饲喂系统、母猪智能化饲养管理系统、母猪自动化饲养管理系统、母猪自动化管理系统，主要包括：母猪自动化饲喂系统、母猪智能化分离系统，母猪智能化发情鉴定系统。

猪只佩戴电子耳标，有耳标读取设备进行读取，来判断猪只的身份，传输给计算机，同时由称重传感器传输给计算机该猪的体重，管理者设定该猪的怀孕日期及其他的基本信息，系统根据终端获取的数据（耳标号、体重）和计算机管理者设定的数据（怀孕日期）运算出该猪当天需要的进食量，然后把这个进食量分量分时间的传输给饲喂设备为该猪下料。同时系统获取猪群的其他信息来进行统计计算。为猪场管理者提供精确的数据进行公司运营分析（图 9-8）。

三、操作规范

1. 合理饲喂

根据各个生长阶段的营养需要制定不同的饲养标准和饲养方法，以确保牲畜的正常发育。因此，应设置饮水装置，自动饮水，以满足饮水量，但饮用水应清洁无污染、无冰冻。

图 9-8　种猪智能化养殖机械

2. 适当运动

如奶牛，每天上午、下午让奶牛在舍外运动场自由活动1~2h，使其呼吸新鲜空气，沐浴阳光，以增强心肺功能，促进钙盐利用，防止骨软症、肢蹄病、难产、产后瘫痪等疾病的发生，提高产奶量。但夏季应避免阳光直射牛体，每天坚持清洗蹄部数次，使之保持清洁卫生，避免用凉水直接冲洗关节部，以免引起关节炎，造成肢蹄变形。每年春、秋季各检查整蹄一次，对患有肢蹄病的牛要及时治疗。每年蹄病高发季节，用5%硫酸铜溶液每星期喷洒蹄部2~3次，以降低蹄部发病率。

3. 对奶牛要细心照料

饲养员应让兽医经常巡查，以增加与牛之间的亲和力。奶牛养殖场的员工不能喝生牛奶，注意预防人畜共患病，如巴氏杆菌病、肺结核病等。据报道，在巴氏消毒法发明前，欧洲因喝生牛奶或吃乳制品而染结核病的人不计其数。但自从巴氏消毒法广泛应用以后，因喝牛奶而感染此病的人已很少见。

参考文献

陈晓龙，田昌凤，杨家朋，等 . 2016. 高密度养殖池塘自动气力投饲机的设计试验［J］. 渔业现代化，43（5）：18–2.

陈星 . 2012. 牧场固定式 TMR 机的应用［J］. 中国奶牛，（01）：37–38.

程岗位，徐皓，刘兴国，等 . 2017. 详解渔业投饲机械（下）［J］. 大宗淡水鱼，（2）：82–83.

丁文，马茵驰，郗伟超 . 2012. 水产养殖水质环境无线监测系统设计与实现［J］. 农机化研究，（10）：78–82.

盖之华，施连敏，王斐，等 . 2013. 基于物联网的水产养殖环境智能监控系统的研究［J］. 电脑知识与技术，34（9）：7 826–7 828.

高娇，苟晓萌 . 2018. 物联网技术在水产养殖中应用的优势及问题研究［J］. 乡村科技，（16）：91–92.

顾靖峰 . 2017. 自动投饲增氧系统装备的开发应用［J］. 农机科技推广，（9）：53–55.

管云霞，刘星桥 . 2016. 基于物联网的水产养殖远程监控系统设计［J］. 中国农机化学报，37（9）：231–235.

胡金有，王靖杰，张小栓，等 . 2015. 水产养殖信息化关键技术研究现状与趋势［J］. 农业机械学报，46（7）：251–263.

贾晶霞 . 2017. 4QS–1250 型悬挂式青贮饲料收获机使用与维护［J］. 农业工程，（01）：32–34.

景新，樊树凯，史颖刚，等 . 2016. 室内工厂化水产养殖自动投饲系统设计［J］. 安徽农业科学，44（11）：260–263，300.

纠手才，张效莉 . 2018. 海水养殖智能投饵装备研究进展［J］. 海洋开发与管理，（1）：21–27.

李道亮，王剑秦，段青玲，等 . 2008. 集约化水产养殖数字化系统研究［J］. 中

国科技成果，(2)：8–11.

李华 . 2017. 水产动物饲料精准投喂技术［J］. 饲料与肥料，(8)：24–26.

李烈柳，胡海蓉 . 2015. 颗粒饲料压制机的使用技术［J］. 科学种养，(12)：61–62.

李烈柳 . 2009. 畜牧饲养机械使用与维修［M］. 北京：金盾出版社，3.

李敏 . 2017. 物联网技术在水产养殖的应用现状及对策分析［J］. 思路与探讨，(1)：54，56.

李明，郑文钟，洪一前 . 2018. 自动巡航式无人驾驶投饵船的研制［J］. 现代农机，(2)：48–51.

李舜江，章平 . 2013. 物联网在水产养殖环境监测系统中的应用［J］. 青岛大学学报：工程技术版，28（2）：82–84.

李亚萍，蒙贺伟，高振江，等 . 2016. 自走式奶牛精确饲喂机的单片机控制系统设计［J］. 农机化研究，38（02）：179–183.

李永 . 2018. 物联网技术在水产养殖监控系统中的应用研究［J］. 电子质量，(1)：26–28.

刘吉伟，王宏策，魏鸿磊 . 2018. 深水网箱养殖自动投饵机控制系统设计［J］. 机电工程技术，47（9）：145–148.

刘思，俞国燕 . 2017. 工厂化养殖自动投饵系统研究进展［J］. 渔业现代化，44（2）：1–5.

刘玉洁，唐升，梁家丽 . 2018. 基于 STM32 水产养殖智能监控系统的研制［J］. 电子制作，(2/3)，3–6.

鲁植雄 . 2010. 水产养殖机械巧用速修［M］. 北京：中国农业出版社，11.

马娟，楚耀辉，石鑫，等 . 2011. TMR 饲养技术与配套机具［J］. 新疆农机化，(04)：39–41.

明晶 . 2018. 物联网技术在水产养殖中应用的必要性分析［J］. 南方农业，122（11)：179，183.

农业部农业机械试验鉴定总站 . 2014. 挤奶设备检测技术［M］. 北京：中国农业科学技术出版社，12.

全国畜牧总站 . 2012. 粪污处理技术百问百答［M］. 北京：中国农业出版社，6.

单慧勇，于镓，田云臣，等 . 2016. 集成传感器清洁功能的水产养殖环境远程测控系统设计［J］. 湖北农业科学，55（7)：1 824–1 827.

宋国义 . 2013-10-28. 水产养殖数字化智能增氧技术［N］. 中国农机化导报 .
涂同明 . 2008. 渔业、畜牧机械化必读［M］. 武汉：湖北科学技术出版社 .
王春明，王翔宇，缪明 . 2015. 基于物联网技术的水产养殖环境监控系统设计［J］. 电脑知识与技术，11（22）：154-157.
王鹏祥，苗雷，张业韡，等 . 2008. 养殖水质在线监控的系统集成技术［J］. 渔业现代化，35（6）：18-22.
王玮，吴姗姗 . 2016. 增氧机标准与专利现状分析［J］. 中国渔业质量与标准，（05）：32-36.
王艳红，吴小峰 . 2017. 一种基于 WSN 的水产养殖水环境监测系统［J］. 智能计算机与应用，7（4）：90-91.
王志勇，谌志新，汤涛林，等 . 2013. 基于 .NET 的池塘养殖数字化管理系统［J］. 南方水产科学，9（1）：58-62.
魏金芳 . 2014. 草鱼机械化养殖投饵技术要点［J］. 海洋与渔业，（03）：61-62.
吴滨，黄庆展，毛力，等 . 2016. 基于物联网的水产养殖水质监控系统设计［J］. 传感器与微系统，35（11）：113-115，119.
吴泽鑫，高一川，肖进，等 . 2016. 基于嵌入式的水产养殖环境监控系统设计［J］. 中国农机化学报，37（9）：83-87.
徐皓，刘兴国，田昌凤，等 . 2017. 详解渔业投饲机械（上）［J］. 大宗淡水鱼，（1）：82-83.
许明昌 . 2017. 养殖管理平台料仓视频监控系统设计［J］. 中国水产，（11）：60-61.
张红霞，马芳兰，杨旭辉，等 . 2017. 基于 LabVIEW 的水产养殖环境无线智能监测系统［J］. 甘肃科学学报，29（4）：37-41.
张继业，胡福良，郑琴，等 . 2017. 一种水陆两用自动投饵机设计与试验研究［J］. 中国水产，（9）：78-81.
张淋江，刘亚威 . 2017. 水产养殖智能管理系统水质调节应用［J］. 科技创新与应用，（5）：45-46.
张淋江，刘志龙，唐国盘 . 2015. 基于无线传感器网络的水产养殖水质监测研究［J］. 电脑知识与技术，11（5）：263-265.
张淋江，刘志龙，唐国盘 . 2016. 水产养殖智能增氧系统分析［J］. 内燃机与配件，（12）：135-137.

张旭，徐立鸿 . 2010. 基于 LabVlEW 的数字化水产养殖监控平［J］. 机电一体化，(10)：60–63，96.

赵德安，罗吉，孙月平，等 . 2016. 河蟹养殖自动作业船导航控制系统设计与测试［J］. 农业工程学报，32（11），181–188.

赵金艳 . 2016. 奶牛全混合日粮（TMR）饲喂技术要点与注意事项［J］. 当代畜牧，(15)：57–58.

钟杰卓，涂志刚，杜文才，等 . 2017. 水产养殖环境因子数据动力学分析与智能预测［J］. 系统仿真学报 ©，29（5）：1 049–1 056，1 063.

钟兴，刘永华，孙昌权 . 2018. 基于物联网的水产养殖智能监控系统设计［J］. 中国农机化学报，39（3）：70–73.

周育辉，李军民，蒋萍萍，等 . 2012. 基于 ZigBee 技术的水产养殖环境监测系统［J］. 安徽农业科学，40（6）：3 773–3 775.

朱鸣山 . 2018. 水产自动投饵机器人在工厂化养殖中的应用［J］. 福建农机，(1)：7–10.